Lehrbuch
der
reinen
und
angewandten Mathematik
in drei Bänden.

Zweiter Band,
welcher
einige Erweiterungen zum ersten Band und die Lehre von den Kegelschnitten
enthält.

Bearbeitet
von

D. D. C. L. Lehmus,
Lehrer der Mathematik an der Artillerie- und Ingenieur-Schule zu Berlin.

Mit zwei Figurentafeln.

Berlin, 1827.
Gedruckt und verlegt
bei G. Reimer.

Inhalt des zweiten Bandes.

Erstes Kapitel.

Von den Kettenbrüchen.

§. 1. **Erklärung.** Wenn man irgend einen ächten Bruch, der nicht weiter aufzuheben ist, im Zähler und Nenner mit seinem Zähler dividirt, und dieselbe Arbeit dann wieder mit dem im Nenner entstandenen ächten Bruch vornimmt, und dieses Geschäft so oft wiederholt, als man will, oder als es angeht, so heißt jede solche Darstellung ein Kettenbruch.

So erhält man z. B. für $\frac{113}{517}$

den 1sten Kettenbruch $= \dfrac{1}{4+\frac{65}{113}}$,

den 2ten - - - $= \dfrac{1}{4+\dfrac{1}{1+\frac{48}{65}}}$,

den 3ten - - - $= \dfrac{1}{4+\dfrac{1}{1+\dfrac{1}{1+\frac{17}{48}}}}$,

den 4ten - - - $= \dfrac{1}{4+\dfrac{1}{1+\dfrac{1}{1+\dfrac{1}{2+\frac{14}{17}}}}}$,

u. s. w.

und den 7ten oder letzten $= \cfrac{1}{4+\cfrac{1}{1+\cfrac{1}{1+\cfrac{1}{2+\cfrac{1}{1+\cfrac{1}{4+\cfrac{1}{1+\frac{1}{2}}}}}}}}$.

§. 2 Aufgabe. Jeden ächten nicht aufzuhebenden Bruch auf einen leichten Weg in einen Kettenbruch zu verwandeln.

Auflösung. Da die Zähler sämmtlicher Brüche gleich Eins werden müssen, so kommt es nur darauf an, ein Gesetz aufzufinden, nach welchen sich die ganzen Summanden der aufeinander folgenden Nenner bestimmen. Dieses Gesetz erhellet aber aus dem vor. §. und aus (Arith. §. 54. im ersten Band) augenblicklich. Man dividire nemlich mit dem Zähler des gegebenen Bruchs in seinen Nenner, dann immer mit dem entstandenen Rest in den vorigen Divisor, so geben die Quotienten, der Reihefolge nach, die verlangten ganzen Summanden. So entsteht in dem Beispiel des vor. §. folgende Division.

```
113|517|4
    452
     65|113|1
         65
         48|65|1
            48
            17|48|2
               34
               14|17|1
                  14
                   3|14|4
                     12
                      2|3|1
                        2
                        1
```

Eben so erhält man für den Bruch $\frac{216}{1147}$ die Quotienten 5, 3, 4, 2, und der letzte Divisor, bei welchem 1 als Rest bleibt, ist 7, die vier Kettenbrüche sind demnach

der 1ste $= \dfrac{1}{5+\frac{67}{216}}$; der 2te $= \dfrac{1}{5+\dfrac{1}{3+\frac{15}{67}}}$;

der 3te $= \dfrac{1}{5+\dfrac{1}{3+\dfrac{1}{4+\frac{7}{15}}}}$;

der 4te und letzte $= \dfrac{1}{5+\dfrac{1}{3+\dfrac{1}{4+\dfrac{1}{2+\frac{1}{7}}}}}$.

§. 3. Erklärung. Läßt man im letzten Nenner eines Kettenbruchs den gebrochenen Summanden als unbedeutend gegen den ganzen außer Betracht, so entsteht ein Näherungswerth für den ursprünglichen Bruch, und diese Näherungswerthe heißen Näherungsbrüche. So entstehen z. B. für $\frac{216}{1147}$. (vor. §.) der erste Näherungsbruch $= \frac{1}{5}$; der 2te $= \dfrac{1}{5+\frac{1}{3}} = \frac{3}{16}$; der 3te $= \dfrac{1}{5+\dfrac{1}{3+\frac{1}{4}}} = \frac{13}{69}$;

der 4te und letzte $= \dfrac{1}{5+\dfrac{1}{3+\dfrac{1}{4+\frac{1}{2}}}} = \frac{29}{154}$.

§. 4. Lehrsatz. Der 1ste, 3te, 5te, 7te u. s. w. Näherungsbruch ist allemal größer, der 2te, 4te, 6te u. s. w. aber kleiner wie der ursprüngliche Bruch.

Beweis. Ist $\frac{a}{b}$ der ursprüngliche ächte nicht aufzuhebende Bruch, und bezeichnen Q' Q'' Q''' Q^{IV} u. s. w., die nach §. 2. aufeinander folgenden Quotienten, wenn man mit a in b, und dann immer mit dem entstandenen Rest in den vorigen Divisor dividirt, so ist

$$\frac{a}{b} = \cfrac{1}{Q' + \cfrac{1}{Q'' + \cfrac{1}{Q''' + \cfrac{1}{Q'''' \text{ etc.}}}}}.$$

Bezeichnet man nun

$$\cfrac{1}{Q'' + \cfrac{1}{Q''' + \cfrac{1}{Q'''' \text{ etc.}}}}$$

durch A, so hat man $\frac{a}{b} = \frac{1}{Q'+A}$, folglich, weil $1=1$, $Q'+A > Q'$, also $\frac{1}{Q'+A} < \frac{1}{Q'}$ ist, wenn man $\frac{a}{b}$ für $\frac{1}{Q'+A}$ schreibt, den ersten Näherungsbruch $\frac{1}{Q'} > \frac{a}{b}$.

Wird dann $\cfrac{1}{Q''' + \cfrac{1}{Q^{IV} + \text{ u. s. w.}}}$ durch B ausgedrückt, so hat man $\frac{a}{b} = \cfrac{1}{Q' + \cfrac{1}{Q''+B}}$; folglich, weil $1=1$;

$Q''+B > Q''$, also $\frac{1}{Q''+B} < \frac{1}{Q''}$; daher auch $Q' + \frac{1}{Q''+B} < Q' + \frac{1}{Q''}$; und demnach

$$\cfrac{1}{Q' + \cfrac{1}{Q''+B}} > \cfrac{1}{Q' + \cfrac{1}{Q''}}$$

ist, den 2ten Näherungsbruch $\cfrac{1}{Q' + \cfrac{1}{Q''}} < \frac{a}{b}$.

Eben so ergiebt sich, daß der 3te Näherungsbruch $\frac{1}{Q' + \frac{1}{Q'' + \frac{1}{Q'''}}} > \frac{a}{b}$; der folgende 4te wieder kleiner u. s. w. ist.

Beispiel. Für $\frac{216}{1147}$ sind nach den vor. §. die Näherungsbrüche $= \frac{1}{5}$; $\frac{3}{16}$; $\frac{13}{69}$; $\frac{29}{154}$; und man findet

$$\frac{1}{5} - \frac{216}{1147} = \frac{67}{5735}; \quad \frac{216}{1147} - \frac{3}{16} = \frac{15}{18352};$$

$$\frac{13}{69} - \frac{216}{1147} = \frac{7}{79143}; \quad \frac{216}{1147} - \frac{29}{154} = \frac{7}{176638};$$

oder in Decimalbrüchen $\frac{1}{5} - \frac{216}{1147} = 0{,}011683\ldots.$

$$\frac{216}{1147} - \frac{3}{16} = 0{,}000817\ldots.$$

$$\frac{13}{69} - \frac{216}{1147} = 0{,}000088\ldots.$$

$$\frac{216}{1147} - \frac{29}{154} = 0{,}000012\ldots.$$

§. 5. Aufgabe. Für einen in seinen kleinsten Zahlen dargestellten ächten Bruch $\frac{a}{b}$ auf einen leichten Weg die Näherungsbrüche der Folge nach zu bestimmen.

Auflösung. Behalten die Buchstaben Q' Q'' Q''' Q^{IV} u. s. w. ihre Bedeutung wie im vor. §., bezeichnet ferner $\frac{Z'}{N'}$ den 1sten, $\frac{Z''}{N''}$ den 2ten, $\frac{Z'''}{N'''}$ den 3ten u. s. w. Näherungsbruch, so ist

$$\frac{Z'}{N'} = \frac{1}{Q'}; \quad \frac{Z''}{N''} = \frac{1}{Q' + \frac{1}{Q''}} = \frac{Q''}{Q''.Q' + 1} = \frac{Q''.Z'}{Q''.N' + 1};$$

und, wenn man $Q'' + \frac{1}{Q'''}$ an die Stelle von Q'' setzt,

$$\frac{Z'''}{N'''} = \frac{1}{Q' + \frac{1}{Q'' + \frac{1}{Q'''}}} = \frac{Q''. + \frac{1}{Q'''}}{\left[Q'' + \frac{1}{Q'''}\right] Q' + 1}$$

$$= \frac{Q'''.Q'' + 1}{Q'''.[Q''.Q' + 1] + Q'} = \frac{Q'''.Z'' + Z'}{Q'''.N'' + N'};$$

ferner, $Q''' + \frac{1}{Q^{IV}}$ an die Stelle von Q''' geschrieben,

$$\frac{Z^{IV}}{N^{IV}} = \frac{\left[Q''' + \frac{1}{Q^{IV}}\right].Z'' + Z'}{\left[Q''' + \frac{1}{Q^{IV}}\right]N'' + N'} = \frac{Z''' + \frac{1}{Q^{IV}}.Z''}{N''' + \frac{1}{Q^{IV}}.N''} = \frac{Q^{IV}.Z''' + Z''}{Q^{IV}.N''' + N''}$$

u. s. w.

Um nun allgemein zu beweisen, daß das in die Augen fallende Gesetz allgemein gültig ist, so nehme man an, es sei für den mten Näherungsbruch $\frac{Z^m}{N^m}$ sein Werth $= \frac{Q^m.Z^{m-1} + Z^{m-2}}{Q^m.N^{m-1} + N^{m-2}}$, so erhält man hieraus $Q^m + \frac{1}{Q^{m+1}}$ für Q^m geschrieben, den m + 1sten Näherungsbruch

$$\frac{Z^{m+1}}{N^{m+1}} = \frac{\left[Q^m + \frac{1}{Q^{m+1}}\right].Z^{m-1} + Z^{m-2}}{\left[Q^m + \frac{1}{Q^{m+1}}\right].N^{m-1} + N^{m-2}} = \frac{Z^m + \frac{1}{Q^{m+1}}.Z^{m-1}}{N^m + \frac{1}{Q^{m+1}}.N^{m-1}},$$

oder, Zähler und Nenner mit Q^{m+1} multiplicirt, $\frac{Z^{m+1}}{N^{m+1}} = \frac{Q^{m+1}.Z^m + Z^{m-1}}{Q^{m+1}.N^m + N^{m-1}}$, welche Formel dasselbe Gesetz für den m + 1sten Näherungsbruch ausdrückt, welches für den mten angenommen wurde. Es geht daher aus dieser vollständigen Induction hervor, daß man für jeden Werth von p den pten Näherungsbruch erhält, wenn man den pten Quotienten mit dem Zähler des p—1sten Näherungsbruchs multiplicirt und hiezu den Zähler des p—2ten Näherungsbruchs addirt, dann diese Summe dividirt durch die Summe des Products aus dem pten Quotienten in den Nenner des p—1sten Näherungsbruchs und dem Nenner des p—2ten Näherungsbruchs.

Insofern nun der erste Näherungsbruch $\frac{Z'}{N'} = \frac{1}{Q'}$ auch in folgende Darstellung gebracht werden kann $\frac{Z'}{N'} = \frac{Q'.0+1}{Q'.1+0}$; der 2te in nachstehende $\frac{Z''}{N''} = \frac{Q''.Z'+0}{Q''.N'+1}$, so kann man $\frac{1}{0}$ und $\frac{0}{1}$ für jeden Zahlenfall als die beiden ersten, obgleich ganz unbrauchbaren Näherungsbrüche ansehen, so daß dann $\frac{Z'}{N'}$ als der 3te, $\frac{Z''}{N''}$ als der 4te u. s. w. erscheint, und dieser Ansicht entsprechend erhält man dann leicht folgende Tabelle zur leichten Bildung der aufeinander folgenden Näherungsbrüche, in welcher die erste Verticalcolumne die aufeinander folgenden Quotienten, die 2te die Zähler der aufeinander folgenden Näherungsbrüche und die 3te die zugehörigen Nenner, Zähler und Nenner nach dem bewiesenen Gesetz gebildet, enthält.

Quotienten	Zähler	Nenner
Q'	1	0
Q''	0	1
Q'''	$Q'.0+1 = Z'$	$Q'.1+0 = N'$
Q^{IV}	$Q''.Z'+0 = Z''$	$Q''.N'+1 = N''$
Q^{V}	$Q'''.Z''+Z' = Z'''$	$Q'''.N''+N' = N'''$
etc.	$Q^{IV}.Z'''+Z'' = Z^{IV}$	$Q^{IV}.N'''+N'' = N^{IV}$
	$Q^{V}.Z^{IV}+Z''' = Z^{V}$	$Q^{V}.N^{IV}+N''' = N^{V}$
	etc.	etc.

Beispiele. 1) Für den Bruch $\frac{113}{517}$ seine Näherungsbrüche anzugeben. Man erhält die aufeinander fol-

genden Quotienten 4, 1, 1, 2, 1, 4, 1, 2, und somit nachstehende Tabelle:

4	1	0
1	0	1
1	4. 0 + 1 = 1	4. 1 + 0 = 4
2	1. 1 + 0 = 1	1. 4 + 1 = 5
1	1. 1 + 1 = 2	1. 5 + 4 = 9
4	2. 2 + 1 = 5	2. 9 + 5 = 23
1	1. 5 + 2 = 7	1. 23 + 9 = 32
2	4. 7 + 5 = 33	4. 32 + 23 = 151
	1.33 + 7 = 40	1.151 + 32 = 183
	2.40 + 33 = 113	2.183 + 151 = 517

Hiernach sind die brauchbaren Näherungsbrüche
$\frac{1}{4}$, $\frac{1}{5}$, $\frac{2}{9}$, $\frac{5}{23}$, $\frac{7}{32}$, $\frac{33}{151}$ und $\frac{40}{183}$.

Beispiel 2. Für $\pi = 3,14159265358979 \ldots$ erhält man die Näherungsbrüche $\frac{3}{1}$, $\frac{22}{7}$, $\frac{333}{106}$, $\frac{355}{113}$ u. s. w.

Zweites Kapitel.

Grundzüge der Combinationslehre.

§. 6. Erklärung. Die Combinationslehre beschäftigt sich mit der Zusammenstellung gegebener Elemente zu gewissen Verbindungen. Die wichtigsten Operationen derselben sind:

1stens das Versetzen oder Zusammenstellen sämmtlicher gegebenen Elemente nach allen möglichen Ordnungen, so daß also jede Versetzung von der andern nur formell, nicht materiell verschieden ist.

2tens das Combiniren der gegebenen Elemente zu 1, zu 2, zu 3 u. s. w. Elementen (zu Unionen, Binionen, Ternionen u. s. w.), jedoch so, daß jede Combination von der andern nicht blos formell, sondern auch materiell verschieden sei.

I. Von den Versetzungen oder Permutationen.

§. 7. Aufgabe. Alle Versetzungen der Elemente a, b, c u. s. w. in einer leichten Uebersicht darzustellen.

Auflösung. Für 2 Elemente a, b hat man ab
und ba.

Für 3 Elemente,
fangen mit dem ersten a an, abc und acb,
mit dem 2ten b, die bac und bca und
mit dem 3ten c, die cab und cba.

Für 4 Elemente a, b, c, d, fangen mit a an, oder sind von der Ordnung a die sechse

abcd, abdc, acbd, acdb, adbc und adcb.

Eben so viele beginnen mit b, nemlich:

bacd, badc, bcad, bcda, bdac, bdca.

Von der Ordnung c sind ebenfalls 6 (und zwar die ersten 2 von der Ordnung ca, die andern 2 von der Ordnung cb, und die letzten beiden von der Ordnung cd), und eben so viele von der Ordnung d.

§. 8. Lehrsatz. Die Anzahl aller Versetzungen für n verschiedene Elemente ist = (n) [unter (n) das Product 1.2.3.4....(n—1).n verstanden].

Beweis. Für 2 verschiedene Elemente ist die Anzahl der Versetzungen = 2 (vor. §.). Bezeichnet man nun die Menge Versetzungen für $n-1$ Elemente durch m, so hat man für n Elemente die Menge Versetzungen von der ersten Ordnung $a = m$, weil die übrigen $n-1$ Elemente nach der Bezeichnung m Versetzungen gestatten, von welchen jeder das Element a vorgesetzt werden kann; aus denselben Gründen ist die Menge Versetzungen für n Elemente von der 2ten Ordnung b auch $= m$, und so fort bis zur nten Ordnung, also die Anzahl aller Versetzungen für n verschiedene Elemente $= m \cdot n$, wenn sie für $n-1$ Elemente $= m$ ist. Sie ist aber

für 2 verschiedene Elemente $= 2$; folglich
für 3 " " " " $= 2 \cdot 3 = (3)$; also
für 4 " " " " $= (3) \cdot 4 = (4)$; u. s. f., also
für n " " " " $= (n)$.

Beispiel. Für 12 verschiedene Elemente ist die Versetzungszahl $= (12) = 479001600$.

§. 9. Lehrsatz. Für n Elemente a, b, c u. s. w., unter welchen aber a wiederholt und zwar m mal vorhanden ist, ist die Versetzungsanzahl $= \frac{(n)}{(m)}$.

Beweis. 1. Man denke sich zuvörderst alle n Elemente verschieden und sämmtliche (n) Versetzungen wirklich gebildet.

2) Von diesen nehme man eine beliebige heraus, und in ihr wähle man m Elemente an beliebigen Stellen, lasse die übrigen $n-m$ Elemente an ihren Ort stehen und bilde alle Versetzungen der erwähnten m Elemente, so hat man (m) Versetzungen der n Elemente, welche unter denen (n) Versetzungen mit enthalten sind.

3) Nimmt man nun eine andere der (n) Versetzungen, aber eine, die in denen in 2. erwähnten (m) Versetzungen nicht schon enthalten ist, heraus, und verfährt mit ihr vollkommen eben so wie mit der zuerst herausgenommenen, so erhält man wieder (m) Versetzungen, die in denen (n) Versetzungen mit enthalten sind.

4) Denkt man sich dieses Verfahren so fortgesetzt, so erhält man Abtheilungen, jede von (m) Versetzungen, und es ist, da die Anzahl aller Versetzungen $=(n)$ ist, die Anzahl dieser Abtheilungen nothwendig $= \frac{(n)}{(m)}$.

5) Sind nun die m Elemente alle einander gleich, so liefert jede Abtheilung nur eine einzige Versetzung, so daß also die Anzahl der Abtheilungen zugleich auch die Anzahl aller Versetzungen ist, woraus die Wahrheit der Behauptung hervorgeht.

§. 10. Zusatz. Sind es n Elemente, und kommt unter diesen eines m mal, ein anderes p mal, ein 3tes r mal vor, so erhellet aus dem vor. §. leicht, daß die Versetzungs-Anzahl $= \frac{(n)}{(m) \cdot (p) \cdot (r)}$ ist.

Beispiel. Wie viel Versetzungen finden für a, a, b, b, b, c, d, d, d, d statt. Die Anzahl ist

$$= \frac{(10)}{(2) \cdot (3) \cdot (4)} = 12600.$$

II. Von den Combinationen.

§. 11. Aufgabe. Für eine gegebene Anzahl Elemente, etwa für die fünfe a, b, c, d, e sämmtliche Combinationen, wohlgeordnet darzustellen.

Auflösung. 1) Die Unionen sind a, b, c, d, e.

2) Jeder Union, die erste a abgerechnet, kann man a vorsetzen, und erhält so sämmtliche Binionen von der Ordnung a, nemlich: a b, a c, a d, a e.
Jeder Union, die ersten beiden a, b abgerechnet, kann man b vorsetzen, und erhält so sämmtliche Binionen von der Ordnung b, nemlich: b c, b d, b e.
Eben so die von der Ordnung c, c d, c e,
und zuletzt von der Ordnung d, die d e.

3) Jeder Binion von der Ordnung b und den folgenden kann man a, jeder von der Ordnung c und den folgenden kann man b, jeder von der Ordnung d und den folgenden kann man c vorsetzen u. s. w., und erhält so die Ternionen von den aufeinander folgenden Ordnungen, nemlich:

von der Ordnung a, die abc, abd, abe, acd, ace, ade,
von der Ordnung b, die bcd, bce, bde und
von der Ordnung c, die cde.

4) Jeder Ternion von der Ordnung b und den folgenden Ordnungen kann man a, jeder von der Ordnung c und den folgenden kann man b vorsetzen u. s. w., und erhält so die Quaternionen von den aufeinander folgenden Ordnungen, nemlich:

von der Ordnung a, die abcd, abce, abde, acde, und
von der Ordnung b, die bcde.

5) Jeder Quaternion von der Ordnung b und den folgenden kann man a vorsetzen u. s. w., und erhält so die aufeinander folgenden Quinionen, hier blos a b c d e.
Folgende Darstellung ist die gewöhnliche:

a b c d e	Unionen
ab ac ad ae bc bd be cd ce de	Binionen
abc abd abe acd ace ade bcd bce bde cde	Ternionen
abcd abce abde acde bcde	Quaternionen
abcde	Quinionen

§. 12. Lehrsatz. Wenn man n Elemente a, b, c . . . x, y, z hat, und es ist $m < n$, so ist die Anzahl ihrer mtionen, d. h. ihrer Combinationen zu m Elementen $= \frac{n.(n-1).(n-2)\dots.[n-(m-1)]}{1\ .\ 2\ .\ 3\ .\ .\ .\ .\ m} = n_m$, und eben so groß ist die Anzahl der Combinationen für $n-m$ Elemente.

Beweis. 1) Man erhält so viel Unionen als Elemente sind, ihre Anzahl ist also $= n = n_1$.

2) Jeder Union, die erste a abgerechnet, kann man a; jeder, die beiden ersten a und b abgerechnet, kann man b u. s. w. vorsetzen, und erhält folglich:
die Anzahl Binionen von der 1sten Ordnung $a = n - 1$,

die Anzahl Binionen von der 2ten Ordnung $b = n - 2$,
" " " " " " " " 3ten " " $c = n - 3$
u. s. w., endlich
die Anzahl Binionen von der letzten oder $n - 1$sten Ordnung $y = n - (n - 1) = 1$.

Hienach ist die Anzahl aller Binionen gleich der Summe der Reihe $n - 1$, $n - 2$, $n - 3$ u. s. w. bis 1, also $= [n - 1 + 1] . \frac{n-1}{2} = \frac{n(n-1)}{2} = n_2$ (1ster Bd. §. 191. Arithmetik).

3) Angenommen nun, es sei für jede Anzahl Elemente, etwa für n, die Anzahl Verbindungen zu 3 Elementen $= n_3$, zu $4 = n_4$ u. s. w., bis zu r Elementen oder $r$tionen $= n_r$, so geben, dieser Annahme gemäß, die $n - 1$ Elemente b, c bis ... z, auch $(n-1)_r$ Combinationen zu r Elementen, und da jeder a vorgesetzt werden kann, so wäre dann auch die Anzahl aller $r + 1$tionen von der 1sten Ordnung a gleich $(n - 1)_r$. Eben so wäre auch die Anzahl aller $r$tionen für die $n - 2$ Elemente c, d... bis z gleich $(n - 2)_r$, und da jeder b vorgesetzt werden kann, so wäre also auch die Anzahl aller $r + 1$tionen von der 2ten Ordnung $b = (n-2)_r$, eben so: die Anzahl aller $r + 1$tionen von der 3ten Ordnung $c = (n - 3)_r$ u. s. w., endlich die Anzahl aller $r + 1$tionen von der $n - r$ten oder letzten Ordnung $= [n - (n - r)]_r = r_r = 1$, und also die Anzahl sämmtlicher $r + 1$tionen $=$

$$(n-1)_r + (n-2)_r + (n-3)_r + \ldots (r+2)_r + (r+1)_r + r_r.$$

Es ist aber $r_r + (r + 1)_r = 1 + (r + 1)_1$ (Arith. §. 101. 1ster Bd.) $= r + 2$, die Summe der 3 letzten Glieder, oder $r_r + (r + 1)_r + (r + 2)_r = r + 2 + (r + 2)_2 = (r + 2)_1 + (r + 2)_2 = (r + 3)_2$; folglich: die Summe der 4 letzten

Glieder $=(r+3)_2+(r+3)_r=(r+3)_2+(r+3)_3=(r+4)_3$ u. s. f., also die Summe aller $n-r$ Glieder $=(r+n-r)_{n-r-1}=n_{n-r-1}=n_{r+1}$.

4) Aus 3. folgt daher, daß: **wenn bei n Elementen die Anzahl aller Verbindungen zu r Elementen, d. h. die Anzahl aller rtionen gleich n_r wäre, daß dann auch die Anzahl aller r+1tionen bei n Elementen $=n_{r+1}$ sein müßte.** Nun ist aber nach 2. bei n Elementen, die Anzahl aller Verbindungen zu zwei Elementen $=n_2$, folglich nach dem so eben bewiesenen Gesetz, die Anzahl aller Verbindungen zu 2+1 oder zu 3 Elementen $=n_{2+1}=n_3$, daher auch die Anzahl aller Verbindungen zu 4 Elementen $=n_4$ u. s. w., folglich die Anzahl aller mtionen bei n Elementen n_m, und die Anzahl aller n—mtionen $=n_{n-m}$. Es ist aber $n_{n-m}=n_m$ (Arith. §. 101. 1ster Bd.), und somit also bei n Elementen die Anzahl aller Verbindungen, zu m Elementen sowohl als zu n—m Elementen, dem Binomial-Coefficienten n_m gleich.

Beispiele. Wie viel Verbindungen zu 13 existiren bei 52 verschiedenen Elementen? $52_{13}=635013'559600$.

Anmerkung zu diesem Kapitel.

Zu der Abtheilung II. von den Combinationen gehören eigentlich auch noch die Combinationen mit Wiederholungen, nemlich diejenigen, bei deren Bildung jedes Element als unendlich oft vorhanden angesehen wird; dann sind, etwa bei 3 Elementen a, b, c; die Unionen a, b, c; die Binionen aa, ab, ac; bb, ac, cc; die Ternionen aaa, aab, aac, abb, abc, acc, bbb, bbc, bcc, ccc. Nach §. 12. überzeugt man sich bald, daß für Combinationen mit Wiederholungen, bei n Elementen a, b, c u. s. w., die Anzahl Unionen $= n$, die der Binionen $= (n+1)_2$, die der Ternionen $= (n+2)_3$ u. s. w., die der mtionen $= (n+m-1)_m$ ist.

Aus der Verbindung der Combinationen mit Wiederholungen und der Permutationen entspringen die Variationen; sie enthalten nemlich alle Combinationen mit Wiederholungen, und zwar mit allen Versetzungen, welche jede gestattet. So geben z. B. die obigen 10 Ternionen mit Wiederholungen für die 3 Elemente a, b, c; die 1ste, 7te und 10te, jede nur die einzige Stellung, die 2te, 3te, 4te, 6te, 8te, 9te jede $\frac{(3)}{(2)} = 3$ Stellungen, die 5te aber liefert $(3) = 6$ Stellungen.

Beide Operationen: die Combinationen mit Wiederholungen und die Variationen, sind von weniger Anwendbarkeit und Wichtigkeit als die beiden ausführlicher behandelten, die Permutationen und die Combinationen ohne Wiederholungen, weshalb jene hier auch nur kurz erwähnt worden sind.

Drittes Kapitel.

Von den unbestimmten oder diophantischen Aufgaben.

§. 13. Erklärung. Jede Aufgabe, welche weniger Gleichungen liefert, als sie unbekannte Zahlen enthält, heißt eine unbestimmte oder diophantische Aufgabe.

Im Allgemeinen gestattet jede solche Aufgabe unzählig viele Antworten, denn enthält sie n Unbekannte und nur m Gleichungen (also $m < n$), so können von den n Unbekannten,

kannten, n — m derselben, ganz willkührlich gewählt werden, und es bleiben dann aus den m Gleichungen die übrigen m Unbekannten zu entwickeln, was nach (Arithm. §. 187. Erst. Bd.) erfolgt.

In den besondern hieher gehörigen Fällen finden aber solche willkührliche Wahlen nicht statt, indem besondere Bedingungen die Menge der Antworten beschränken. Diese Bedingungen sind: die Unbekannten sollen durchaus positive ganze Zahlen, oder Potenzen rationaler Zahlen zu bestimmten Exponenten sein.

§. 14. Zusatz. Das Feld der unbestimmten Analytik ist ungemein groß; hier aber sollen nur folgende Fälle untersucht werden.

1) Es ist eine einfache Gleichung mit zwei Unbekannten x, y; also eine Gleichung von der Form $ax + by + c = 0$ gegeben; man soll alle die ganzen positiven Zahlen für x und y bestimmen, welche ihr genügen.

2) Es sind n — 1 einfache Gleichungen mit n Unbekannten gegeben; man soll, ihnen entsprechend, alle ganzen positiven Zahlenwerthe der Unbekannten bestimmen.

3) Es sind n — m einfache Gleichungen ($m > 1$ gedacht) mit n Unbekannten gegeben; man soll, ihnen entsprechend, alle ganzen positiven Zahlenwerthe der Unbekannten bestimmen.

4) Es ist eine Gleichung für zwei Unbekannte x, y von folgender Form $ax^2 + bxy + cx + dy + e = 0$ gegeben; man soll, ihr entsprechend, alle positiven ganzen Zahlenwerthe für x und y bestimmen.

5) Es ist eine Gleichung für zwei Unbekannte x, y von folgender Form $ax^2 + bx + c = y^2$ gegeben; man

soll, ihr entsprechend, alle reellen Zahlenwerthe für x und y bestimmen.

§. 15. Aufgabe. Es ist eine einfache Gleichung mit zwei Unbekannten x, y, also eine Gleichung von der Form $ax + by + c = 0$ gegeben; man soll alle die ganzen positiven Zahlen für x und y angeben, welche ihr genügen.

Auflösung. Man entwickle aus der gegebenen Gleichung diejenige Unbekannte, welche den kleineren Zahlen-Coefficienten hat, führe in dem Resultat, wenn es in Bruchform entsteht, die Division so weit es geht wirklich aus, so muß der etwa noch bleibende Bruch in eine ganze Zahl übergehen, d. h. man muß die Werthe der Unbekannten, welche der Bruch in seinen Zähler enthält, der Bedingung gemäß bestimmen, daß die Division aufgeht. Zu dem Ende setze man den bleibenden Bruch gleich einem Buchstaben, der den Begriff ganze Zahl vorstellen soll, entwickle aus dieser Gleichung die Unbekannte, dividire wirklich so weit es geht, und setze den etwa bleibenden Bruch gleich einem neuen Buchstaben, der abermals nichts weiter als den Begriff: ganze Zahl, vorstellt u. s. w. Da auf diesen Weg jeder neue Divisor kleiner wie der vorige werden muß, so muß man auch nothwendig zuletzt auf den Divisor Eins, d. h. auf die Form einer ganzen Zahl kommen, und durch das Zeichen (den Begriff: ganze Zahl vorstellend), welches dieses Resultat enthält, lassen sich dann, wenn man zurückgeht, die beiden Unbekannten ausdrücken. Aus diesen Ausdrücken oder Formeln ersieht man dann leicht, welche Werthe diesem letzten Zahlzeichen beizulegen sind, um für x und y nur ganze positive Zahlen zu erhalten.

Beispiele. 1) In einer Stückgießerei rechnet man 19 Centner Metall auf einen Achtpfünder und 13 Centner auf einen Vierpfünder zum Einsatz in den Ofen; es sind 235 Centner Metall vorräthig, wie viel Achtpfünder und wie viel Vierpfünder können davon gegossen werden?

x Achtpfünder und y Vierpfünder, so daß also der Natur der Aufgabe gemäß x und y nur ganze positive Zahlen sein können. Die Gleichung ist $19 . x + 13 . y = 235$. Hier hat y den kleineren Coefficienten, und die Entwicklung von y giebt $y = \frac{235 - 19x}{13}$. Dividirt man wirklich so weit es angeht, so entsteht $18 - x$ als Quotient, und $1 - 6x$ oder $-(6x - 1)$ als Rest, und man hat also $y = 18 - x - \frac{6x - 1}{13}$. Setzt man nun, der allgemeinen Auflösung entsprechend, $\frac{6x - 1}{13} = a$; so entspringt hieraus $x = \frac{13a + 1}{6}$ und, wirklich dividirt, $x = 2a + \frac{a + 1}{6}$. Wird nun $\frac{a + 1}{6} = b$ gesetzt, so folgt hieraus $a = 6b - 1$, und da $6b - 1$ die Form einer ganzen Zahl hat, indem b selbst nichts anderes als eine ganze Zahl ausdrückt, so ist b das Zeichen, durch welches nun x und y ausgedrückt werden muß. Schreibt man zu dem Ende $6b - 1$ für a in die Formel $x = 2a + \frac{a + 1}{6}$, so ergiebt sich

$$\text{(I)} \quad x = 13b - 2,$$

und wird dann auch $13b - 2$ für x in die Formel $y = 18 - x - \frac{6x - 1}{13}$ gesetzt, so entsteht

$$\text{(II)} \quad y = 21 - 19 . b.$$

Aus beiden Formeln (I) und (II) erhellet nun, daß b nur $= 1$ sein kann, und hat also bloß $x = 11$ und $y = 2$.

2) Man soll 739 Q° Land in Stücke von 13 und 31 Q° abtheilen. Wie viel Stücke von den angegebenen

Größen können abgetheilt werden? x Stücke, jedes zu 13 und y Stücke jedes zu 31 Q°. Die Gleichung ist also $13 . x + 31 . y = 739$; hieraus folgt:

$$x = \frac{739 - 31 . y}{13} = 56 - 2y - \frac{5y - 11}{13};$$

$\frac{5y-11}{13} = a$ gesetzt, giebt $y = \frac{13a + 11}{5} = 2a + 2 + \frac{3a+1}{5}$;

$\frac{3a+1}{5} = b$ gesetzt, giebt $a = \frac{5b - 1}{3} = b + \frac{2b - 1}{3}$;

$\frac{2b-1}{3} = c$ gesetzt, giebt $b = \frac{3c + 1}{2} = c + \frac{c+1}{2}$;

$\frac{c+1}{2} = d$ gesetzt, giebt $c = 2d - 1$. Es ist also, alles durch d ausgedrückt, $b = 3d - 1$; $a = 5d - 2$; folglich

$$\text{(I)} \quad y = 13d - 3 \quad \text{und} \quad \text{(II)} \quad x = 64 - 31d.$$

Daher kann d nur = 1 und 2 sein; zu $d = 1$ gehören $y = 10$; $x = 33$; zu $d = 2$ gehören $y = 23$; $x = 2$.

3) Man hat 10 Pfd. gewöhnlichen Zundersatz und will ihn zu Zehrungssatz umarbeiten. Wie viel ⦶, 🜍 und Mehlpulver (mp) muß m i n d e s t e n s zugesetzt werden?

Im Zundersatz ist das Verhältniß von ⦶, 🜍 und mp = 3:2:1; im Zehrungssatz aber = 8:3:3.

In den vorhandenen 10 Pfd. Zundersatz sind enthalten $\frac{10}{6} . 3 = 5$ Pfd. ⦶, $\frac{10}{6} . 2 = \frac{10}{3}$ Pfd. 🜍 und $\frac{5}{3}$ Pfd. mp, und x, y, z sollen die erforderlichen Mengen Pfunde, welche zuzusetzen sind, bezeichnen, so daß also $5 + x$ Pfd. ⦶, $\frac{10}{3} + y$ Pfd. 🜍 und $\frac{5}{3} + z$ Pfd. mp den Zehrungssatz bilden, so sind die Gleichungen

$$5 + x : \frac{10}{3} + y = 8 : 3 \text{ und } \frac{10}{3} + y : \frac{5}{3} + z = 3 : 3; \text{ oder}$$

$$9x = 35 + 24y \quad \text{und} \quad 5 + 3y = 3z.$$

Da nun die Mengen x, y, z kleinst möglichst werden sollen, und den beiden Gleichungen gemäß so wenig x als z den kleinsten Werth Null annehmen kann, wohl aber y gleich

Null genommen werden kann, so wähle man $y = 0$; dann entsteht $x = 3\frac{8}{9}$ und $z = 1\frac{2}{3}$.

§. 16. Aufgabe. Es sind $n - 1$ einfache Gleichungen mit n Unbekannten gegeben; man soll, ihnen entsprechend, alle ganzen positiven Zahlenwerthe der Unbekannten bestimmen.

Auflösung. Man eliminire $n - 2$ Unbekannte, so daß man eine Gleichung mit 2 Unbekannten erhält, verfahre mit dieser Gleichung nach dem vor. §., drücke auch die übrigen Unbekannten durch das letzte Zeichen (eine ganze Zahl vorstellend) aus, und verfahre, wenn sie sich in Bruchform darstellen, aufs Neue nach dem vor. §.

Beispiele. 1) Alle die ganzen positiven Zahlen zu bestimmen, welche, durch 5 dividirt, 1, und durch 7 dividirt, 3 zum Rest lassen. Bezeichnet x diese Zahlen, a den ganzen Quotienten bei der Division mit 5, b den bei der Division mit 7, so sind nach dem Gesetz: Divisor mal Quotient + Rest = Dividend; die Gleichungen $5a + 1 = x$ und $7b + 3 = x$; hieraus x eliminirt, so entsteht $5a = 7b + 2$, und also ist

$a = b + 2 . \frac{b+1}{5}$; daher, $\frac{b+1}{5}$ gesetzt, $b = 5c - 1$;

folglich $x = 35 . c - 4$; und es bilden also die gesuchten Zahlen die arithmetische Progression 31; 66; 101; ... ... $35 . c - 4$.

2) Welche Zahlen lassen, durch 3, 7, 10 dividirt, nach der Reihe die Reste 2; 3; 9?

Wie im ersten Beispiel ergeben sich die Gleichungen

$$3 . a + 2 = x; \quad 7b + 3 = x; \quad 10c + 9 = x;$$

Aus den beiden ersten x eliminirt, giebt $3a = 7b + 1$; also $a = 2b + \frac{b+1}{3}$; nun, $\frac{b+1}{3}$ gesetzt, $b = 3d - 1$;

also $a = 7d - 2$. Eliminirt man nun aus der 3ten und einer der beiden ersten x, substituirt aber die für b oder a gefundene Form, so entsteht in jedem Fall $10c + 9 = 21d - 4$; und hieraus $c = \frac{21d - 13}{10} = 2d - 1 + \frac{d-3}{10}$; also, $\frac{d-3}{10} = n$ gesetzt, $d = 10n + 3$; folglich $c = 21n + 5$; und daher $x = 210 . n + 59$. Die Zahlen liegen also in der arithmetischen Progression:

$$59;\ 269;\ 479\ .\ .\ .\ .\ .\ .\ .\ 210n + 59.$$

§. 17. Aufgabe. Es sind $n - m$ einfache Gleichungen ($m > 1$ gedacht) mit n Unbekannten gegeben; man soll, ihnen entsprechend, alle positiven ganzen Zahlenwerthe dieser Unbekannten angeben.

Auflösung. Der Gang der Arbeit bleibt wie bisher, nur werden die Unbekannten durch Formen bestimmt, welche mehr wie einen Buchstaben enthalten.

Beispiel. Drei Brüche, deren Nenner 7, 13 und 15 sind, geben die Summe $\frac{5117}{7.13.15}$; ihre Zähler als positive ganze Zahlen zu bestimmen. Bezeichnen x, y, z diese Zähler, so ist die Gleichung $\frac{x}{7} + \frac{y}{13} + \frac{z}{15} = \frac{5117}{7.13.15}$; oder $195.x + 105y + 91.z = 5117$; also

$$z = \frac{5117 - 195x - 105y}{91} = 56 - 2x - y - \frac{13x + 14y - 21}{91}.$$

Nun $\frac{13x + 14y - 21}{91} = a$ gesetzt, giebt $x = \frac{91a + 21 - 14y}{13}$; oder $x = 7a + 2 - y - \frac{5 + y}{13}$; dann $\frac{5+y}{13} = b$ gesetzt, giebt

$$\text{(I)}\quad y = 13b - 5;\ \text{folglich}$$

$$\text{(II)}\quad x = 7a + 7 - 14b;\ \text{und}$$

$$\text{(III.)}\quad z = 47 + 15b - 15a.$$

Aus diesen 3 Formeln entspringt:

für $b = 1$; $y = 8$; $x = 7a - 7$; $z = 62 - 15 \cdot a$;
wo für a; 2, 3 und 4 paßt;

für $b = 2$; $y = 21$; $x = 7a - 21$; $z = 77 - 15a$;
wo für a die Werthe 4 und 5 statt finden können;

für $b = 3$, $y = 34$, $x = 7a - 35$, $z = 92 - 15a$,
wozu a nur $= 6$ sein kann,

für $b = 4$, $y = 47$, $x = 7a - 49$, $z = 107 - 15a$,
wozu für a kein Werth paßt.

Noch weniger giebt es Werthe für a, wenn b mehr wie 4 ist.

Man hat also

für $b = 1$ und $a = 2$; $x = 7$; $y = 8$; $z = 32$;
für $b = 1$ und $a = 3$; $x = 14$; $y = 8$; $z = 17$;
für $b = 1$ und $a = 4$; $x = 21$; $y = 8$; $z = 2$;
für $b = 2$ und $a = 4$; $x = 7$; $y = 21$; $z = 17$;
für $b = 2$ und $a = 5$; $x = 14$; $y = 21$; $z = 2$;
für $b = 3$ und $a = 6$; $x = 7$; $y = 34$; $z = 2$,

und sonst existiren keine Werthe. Die Brüche sind daher entweder $\frac{7}{7} + \frac{8}{13} + \frac{32}{15}$; oder $\frac{14}{7} + \frac{8}{13} + \frac{17}{15}$; oder $\frac{21}{7} + \frac{8}{13} + \frac{2}{15}$; oder $\frac{7}{7} + \frac{21}{13} + \frac{17}{15}$; oder $\frac{14}{7} + \frac{21}{13} + \frac{2}{15}$; oder $\frac{7}{7} + \frac{34}{13} + \frac{2}{15}$.

§. 18. **Aufgabe.** Es ist eine Gleichung für zwei Unbekannte x, y von folgender Form

$$ax^2 + bxy + cx + dy + e = 0$$

gegeben, man soll ihr entsprechend alle positiven ganzen Zahlenwerthe für x und y bestimmen.

Auflösung. Man entwickle diejenige der beiden Unbekannten, welche nur in der ersten Potenz vorkommt, und führe in dem als Resultat entstehenden Bruch die Division so weit aus, bis im Zähler die andere Unbekannte nicht mehr vorkommt, so muß dann der Nenner, welcher diese Unbekannte noch enthält, ein Theiler des Zählers werden, und man hat nur nöthig, diese Theiler aufzusuchen und dann zu untersuchen, welche von diesen Theilern für x und y ganze positive Zahlen liefern.

Beispiele. 1) $x^2 + xy + x + y = 159$. Hier wird

$$y = \frac{159 - x^2 - x}{x + 1} = -x + \frac{159}{x+1}.$$

Die Theiler von 159 als Werthe, die für $x + 1$ genügen könnten, sind 1; 3; 53; 159; und hiezu paßten

$x = 0$; 2; 52; 158; und

$y = 159$; 51; -49; -157.

Es genügt also nur $x = 2$ und $y = 51$.

2) $3x^2 + 2xy + 9 = 15y$. Hier folgt

$$y = \frac{3x^2 + 9}{15 - 2x} = -\frac{3x}{2} - \frac{45}{4} + \frac{711}{4.(15-2x)}; \text{ oder}$$

$$y = \tfrac{1}{4}.\left[-6x - 45 + \frac{711}{15-2x}\right].$$

Die Theiler von 711 sind 1, 3, 9, 79, 237, 711. Wird nun jedem $15 - 2x$ gleich gesetzt, so erhält man nur $x = 7$; $x = 6$ und $x = 3$; und hiezu

$y = 156$; $y = 39$ und $y = 4$.

§. 19. Aufgabe. Die reellen Werthe für x zu bestimmen, für welche $ax^2 + bx + c$ das vollständige Quadrat einer reellen Zahl, also $= y^2$ wird.

Auflösung. Erstens, für den Fall, wenn a eine Quadratzahl $= \alpha^2$ ist.

Man setze $y = \alpha . x + p$, so wird

$\alpha^2 x^2 + bx + c = [\alpha x + p]^2$ und hieraus $x = \frac{c - p^2}{2\alpha p - b}$;

wo p jede beliebige reelle Zahl sein kann.

Zweitens, für den Fall, wenn c ein Quadrat $= \beta^2$ ist.

Man setze $y = px + \beta$, so wird
$ax^2 + bx + \beta^2 = [px + \beta]^2$ und hieraus $x = \frac{2\beta p - b}{a - p^2}$;
wo wieder p beliebig zu wählen ist.

Drittens, für den Fall, wenn $ax^2 + bx + c$ (nach Arith. §. 188. 4. 1ster Bd.), in zwei reelle Factoren $nx + m$ und $px + q$ zerlegt werden kann.

Man setze $y = r.(nx + m)$ [man kann auch den andern Factor wählen, also $y = t(px + q)$ setzen], so wird $(nx+m)(px+q) = r^2.(nx+m)^2$ und hieraus $x = \frac{r^2m - q}{p - r^2n}$;
wo r jede beliebig gewählte Zahl sein kann.

Viertens, wenn keiner der 3 ersten Fälle statt findet, so suche man Versuchsweise einen Werth für x und den zugehörigen für y; ersterer sei $= \alpha$, letzterer $= k$, bezeichne alle übrigen Werthe von x durch $\alpha + z$, und die zugehörigen für y durch $k + pz$, so entsteht
$a[\alpha + z]^2 + b[\alpha + z] + c = [k + pz]^2$ und hieraus, weil
$a\alpha^2 + b\alpha + c = k^2$ ist, $z = \frac{2a\alpha + b - 2pk}{p^2 - a}$, folglich

$$x = \frac{\alpha p^2 + \alpha a + b - 2pk}{p^2 - a};$$

wo p wieder beliebig zu wählen ist.

Beispiele. 1) $9x^2 - 7x + 2$ wird ein Quadrat, für $x = \frac{2 - p^2}{6p + 7}$.

2) $5x^2 - 8x + 4$ wird ein Quadrat, für $x = \frac{4p + 8}{5 - p^2}$.

3) $10x^2 - 13x - 3$ ist in die Form $(5x+1)(2x-3)$ zu bringen, und wird ein Quadrat für $x = \frac{3 + r^2}{2 - 5r^2}$.

4) $7x^2 - 11x + 30$ wird $= 6^2$ für $x = 2$; also allemal ein Quadrat für $x = \frac{2p^2 - 12p + 3}{p^2 - 7}$.

5) Die Aufgabe $x^2 + 1 = y^2$, giebt $x = \frac{1-p^2}{2p}$; $y = \frac{1+p^2}{2p}$; oder $\frac{n}{m}$ für p geschrieben $[m^2 - n^2]^2 + [2nm]^2 = [m^2 + n^2]^2$, wonach sich eine Menge rechtwinkliger Dreiecke angeben lassen, deren 3 Seiten rationale ganze Zahlen sind.

Viertes Kapitel.

Von den höheren und transcendenten Gleichungen.

§. 20. Erklärung. Wenn in einer algebraischen Gleichung mit einer Unbekannten x, nachdem die x enthaltenden Nenner weggeschafft, auch die Klammern, in welchen x vorkommt, aufgelößt, und die Potenz-Exponenten, zu welchen die Potenzen sich durch x bestimmen (nach Arith. §. 178. 3. und §. 180. 1ster Bd.), ebenfalls beseitigt sind, so daß also x nur mit ganzen positiven Exponenten verbunden erscheint, der höchste Wurzelexponent von x, größer wie 2 ist, so nennt man die Gleichung eine höhere Gleichung, und zwar vom 3ten, 4ten u. s. w. nten Grade, wenn der höchste Exponent $= 3$, 4 u. s. w. n ist. Ist er $= 3$, so nennt man die Gleichung auch cubisch; ist er $= 4$, so wird sie auch biquadratisch genannt. Eine höhere Gleichung heißt geordnet, wenn 1stens die höchste Potenz von x den Coefficienten $+1$ hat; 2tens die Glieder nach den Potenzen von x mit fallenden Exponenten aufeinander folgen, so daß im letzten Gliede x den Exponenten Null hat; 3tens diese Glieder alle auf einer Seite der Gleichung stehen, so daß also die andere Seite Null ist. Kommt x nur mit einem Exponenten vor, so heißt die Gleichung eine reine (des 12ten Kapitels 1ste

Abtheil. No. II. 1ster Bd. Arith.), erscheint x in verschiedenen Potenzen, so heißt die Gleichung **unrein**; kommen von der höchsten Potenz von x ab gerechnet, **alle** niedrigeren vor, so heißt die Gleichung **vollständig**, fehlen eine oder einige, so heißt sie **unvollständig**.

So ist z. B. $x^3+20x-30=0$, eine geordnete unvollständige Gleichung vom 3ten Grad.

$x^5-30x^3+10x-4=0$, eine geordnete unvollständige Gleichung vom 5ten Grad.

$x^4+12x^3-2x^2-100x+3=0$, eine geordnete vollständige Gleichung vom 4ten Grad.

§. 21. **Lehrsatz.** Jeder algebraische Ausdruck von der Form: $a^n+A.a^{n-1}+B.a^{n-2}+\ldots+La^2+Ma+N$, läßt sich immer als ein Product von n Factoren betrachten, von welchen jeder eine Summe zweier Summanden ist, deren einer $=a$, deren anderer aber eine, wenn auch unbekannte, doch zu bestimmende Größe, ist.

Beweis. Es wird behauptet, daß für die n unbekannten Größen u, v, w ... y, z, damit sie der Forderung $a^n+A a^{n-1}+\ldots+Ma+N=(a+u)(a+v)\ldots$ $\ldots(a+y)(a+z)$ genügen, auch n verschiedene sie bestimmende Gleichungen herzuleiten sind. Man bezeichne die Summe der Unionen der n Elemente u, v.... y, z durch $\mathfrak{A}$, die Summe ihrer Binionen durch $\mathfrak{B}$, die ihrer Ternionen durch $\mathfrak{C}$ u. s. w. (§. 11.), so wird, da

$$(a+u)(a+v)=a^2+(u+v)a+uv,$$
$$(a+u)(a+v)(a+w)=a^3+(u+v+w)a^2$$
$$+(uv+uw+vw)a+uvw,$$ u. s. w. ist, auch $(a+u)(a+v)\ldots(a+y)(a+z)=a^n+\mathfrak{A}.a^{n-1}+\mathfrak{B}.^{n-2}+\mathfrak{C}.a^{n-3}+$ u. s. w. (wo das letzte Glied rechter Hand $=u.v.w\ldots$ $\ldots y.z=\mathfrak{N}$ ist), folglich auch

$$a^n + A a^{n-1} + B a^{n-2} + \ldots + M a + N$$
$$= a^n + \mathfrak{A} . a^{n-1} + \mathfrak{B} . a^{n-2} + \ldots + \mathfrak{M} . a + \mathfrak{N},$$

und hieraus entspringen (nach §. 104. 1ster Bd. Arithm.) die n Gleichungen,

$$A = \mathfrak{A} = u + v + \ldots . + y + z;$$
$$B = \mathfrak{B} = uv + uw + \ldots . + y . z;$$
$$C = \mathfrak{C} = uvw + \ldots . + xyz;$$
u. s. w.
$$N = \mathfrak{N} = uvw \ldots y . z;$$

woraus (nach Arithm. §. 184. Erst. Bd.) hervorgeht, daß die n Unbekannten u, v . . . y, z, durch die Bekannten A, B . . . . N bestimmt sind.

§. 22. Lehrsatz. Jede geordnete Gleichung vom nten Grade, wie $x^n + ax^{n-1} + bx^{n-2} + \ldots + px + q = 0$, gestattet auch n Werthe für die Unbekannte x.

Beweis. Man verstehe unter α, β, γ u. s. w. ϱ, die nach dem vorigen §. bestimmten n Größen, für welche der algebraische Ausdruck,

$$x^n + a x^{n-1} + \ldots . + p x + q,$$

einerlei wird, mit

$$(x + \alpha) . (x + \beta) . (x + \gamma) \ldots . (x + \varrho),$$

so verwandelt sich obige Gleichung in folgende:

$$(x + \alpha)(x + \beta)(x + \gamma) \ldots . (x + \varrho) = 0,$$

und dieser geschieht Genüge:

1stens für $x + \alpha = 0$,
2tens für $x + \beta = 0$,
u. s. w.
ntens für $x + \varrho = 0$.

Aus diesen n Gleichungen erhält man nun leicht 1stens $x = -\alpha$, 2tens $x = -\beta$ u. s. w., ntens $x = -\varrho$, so daß also n Werthe für x existiren, welche der Gleichung $x^n + ax^{n-1} + \ldots + px + q = 0$, Genüge leisten. Diese Werthe heißen die Wurzeln der Gleichung.

§. 23. Zusatz. Aus den beiden letzten §§. folgen nachstehende wichtige Sätze:

1stens. Wenn man die Wurzeln einer Gleichung entgegengesetzt nimmt, so ist die Summe der Unionen gleich dem Coefficienten von x^{n-1}; die der Binionen gleich dem Coefficienten von x^{n-2}; die der Ternionen gleich dem Coefficienten von x^{n-3}; u. s. w., und das Product aller dieser entgegengesetzt genommenen Wurzeln gleich dem letzten Glied der geordneten Gleichung.

2tens. Wenn man eine Wurzel der Gleichung $x^n + ax^{n-1} + \ldots + px + q = 0$ kennt, etwa $x = k$, so ist allemal $x - k$ ein Factor des algebraischen Ausdrucks $x^n + ax^{n-1} + \ldots + px + q$, und die Division $\frac{x^n + ax^{n-1} + \ldots + px + q}{x - k}$ muß aufgehen. Der Quotient wird aber von der Form $x^{n-1} + a^{\mathrm{I}} x^{n-2} + \ldots + q^{\mathrm{I}}$, und es ist daher die ursprüngliche Gleichung gleichgültig mit der $(x-k).(x^{n-1} + a^{\mathrm{I}} x^{n-2} + \ldots + q^{\mathrm{I}}) = 0$, welcher Genüge geschieht, für $x^{n-1} + a^{\mathrm{I}} x^{n-2} + \ldots + q^{\mathrm{I}} = 0$.

3tens. Weiß man, daß eine höhere Gleichung nur reelle ganze Wurzeln hat, so muß jede derselben ein Factor des letzten Gliedes dieser geordneten Gleichung sein.

§. 24. Zusatz. Nach dem vor. §. ist es leicht, wenn die Wurzeln einer Gleichung gegeben sind, aus ihnen die Gleichung selbst zu bilden. Sind z. B. die Wurzeln

$+3$; $+5$; -2; so sind die ihnen entgegengesetzten Werthe -3; -5; $+2$; und zu ihnen die Summe der Unionen $= -6$; die der Binionen $= -1$; die der Ternionen $= +30$; daher die Gleichung $x^3 - 6x^2 - x + 30 = 0$; oder auch $(x-3).(x-5).(x+2) = 0$.

§. 25. Aufgabe. Die Auflösung einer Gleichung von der Form $x^n + ax^{n-1} + bx^{n-2} + \ldots + px + q = 0$; auf die Auflösung einer andern von demselben Grad, in welcher aber das zweite Glied fehlt, zu reduciren.

Auflösung. Man schreibe $y + z$ für x in die Gleichung, so entsteht, nach y geordnet, die Gleichung

$$y^n + (nz + a).y^{n-1} + \text{u. s. w.} = 0.$$

Wählt man nun z so, daß $nz + a = 0$ wird, setzt also $x = y - \frac{a}{n}$, so erhält man die verlangte Gleichung.

Beispiele. 1) Es sei gegeben: $x^3 - 12x^2 + 6x - 30 = 0$; so schreibe man $y - \frac{-12}{3}$, also $y + 4$ für x; und es entsteht $y^3 - 42y - 134 = 0$. Kann man nun aus dieser Gleichung die 3 Werthe für y finden, so hat man dann auch $x = y + 4$.

2) Es sei gegeben $x^2 + ax + b = 0$, so schreibe man $y - \frac{a}{2}$ für x, und es entsteht $y^2 - \left[\frac{a}{2}\right]^2 + b = 0$; woraus $y = \pm\sqrt{\left[\frac{a}{2}\right]^2 - b}$ ist. Dann hat man auch $x = -\frac{a}{2} \pm \sqrt{\left[\frac{a}{2}\right]^2 - b}$, wodurch die Aufgabe (Arithm. §. 183. Erst. Bd.) noch auf einen zweiten Weg aufgelöst ist.

§. 26. Aufgabe. Eine Formel zu Auflösung der cubischen Gleichungen herzuleiten.

Auflösung. Man bringe nöthigenfalls die gegebene Gleichung nach §. 25. auf die Form $x^3 + ax + b = 0$.

Nun setze man $y + z$ für x, so entsteht

$$y^3 + [3zy + a]y + [3zy + a]z + z^3 + b = 0;$$

dann wähle man z so, daß $3zy + a = 0$ wird, woraus $z = -\frac{a}{3y}$ folgt, so hat man $y^3 + \left[-\frac{a}{3y}\right]^3 + b = 0$; und hieraus $[y^3]^2 + b.[y^3] - \left[\frac{a}{3}\right]^3 = 0$; also

$$y^3 = -\frac{b}{2} \pm \sqrt{\left[\frac{b}{2}\right]^2 + \left[\frac{a}{3}\right]^3}, \text{ folglich}$$

$$z^3 = \frac{-\left[\frac{a}{3}\right]^3}{-\frac{b}{2} \pm \sqrt{\left[\frac{b}{2}\right]^2 + \left[\frac{a}{3}\right]^3}} = -\frac{b}{2} \pm \sqrt{\left[\frac{b}{2}\right]^2 + \left[\frac{a}{3}\right]^3};$$

und daher

$$x = \sqrt[3]{-\frac{b}{2} + \sqrt{\left[\frac{b}{2}\right]^2 + \left[\frac{a}{3}\right]^3}} + \sqrt[3]{-\frac{b}{2} - \sqrt{\left[\frac{b}{2}\right]^2 + \left[\frac{a}{3}\right]^3}},$$

welche Formel die Cardanische heißt.

Beispiel. 1) $x^3 + 12x^2 + 3x - 268 = 0$ aufzulösen. Schreibt man nach §. 25. $y - 4$ für x, so erhält man die Gleichung $y^3 - 45y - 152 = 0$, und aus ihr nach der Cardanischen Formel

$$y = \sqrt[3]{76 + \sqrt{76^2 - 15^3}} + \sqrt[3]{76 - \sqrt{76^2 - 15^3}} = 5 + 3 = 8;$$

also $x = y - 4 = 4$. Da nun $\frac{x^3 + 12x^2 + 3x - 268}{x - 4}$ $= x^2 + 16x + 67$ ist, so ergeben sich die beiden andern Werthe für x aus der Gleichung

$$x^2 + 16x + 67 = 0 \text{ (§. 23.); nemlich}$$

$$x = -8 + \sqrt{-3} \text{ und auch } x = -8 - \sqrt{-3}.$$

2) Ein gleichschenkliges Dreieck hat 60 Q′ Inhalt und 36 Fuß Umfang. Die Abmessungen desselben zu bestimmen. Bezeichnet x die Länge jedes der beiden Schenkel; $2z$ die 3te Seite, y die Höhe darauf, so sind die Gleichungen

$y.z = 60$; $x + z = 18$ und $x^2 = y^2 + z^2$, und aus ihnen folgt, wenn man x und z eliminirt, $y^3 - 324.y + 2160 = 0$. Die Cardanische Formel liefert den einen Werth dieser Gleichung $= 6.[\sqrt[3]{-5+\sqrt{-2}} + \sqrt[3]{-5-\sqrt{-2}}]$, also in imaginärer Gestalt. Da aber, wie die Probe zeigt, $[1+\sqrt{-2}]^3 = -5+\sqrt{-2}$ und $[1-\sqrt{-2}]^3 = -5-\sqrt{-2}$, also $\sqrt[3]{-5+\sqrt{-2}} = 1+\sqrt{-2}$ und $\sqrt[3]{-5-\sqrt{-2}} = 1-\sqrt{-2}$ ist, so hat man $y = 6[1+\sqrt{-2}+1-\sqrt{-2} = 12]$ und dazu $z = 5$; $x = 13$. Weil ferner $\frac{y^3 - 324y + 2160}{y - 12} = y^2 + 12y - 180$ ist, und aus $y^2 + 12y - 180 = 0$ sich auch noch $y = +8,6964$ und $y = -20,6964$ ergiebt, von welchen beiden Werthen der letzte der Aufgabe nicht entsprechen kann, zum ersten aber $z = 6,8994$ und $x = 11,1006$ gehört, so genügt der Aufgabe das Dreieck, dessen Grundlinie $= 10$ und Schenkel $= 13$ sind, so wie auch das, dessen Grundlinie $= 13,7888$ und dessen Schenkel $= 11,1006$ sind.

3) Die Werthe der vier Unbekannten u, v, w, z, der Bedingung gemäß, zu bestimmen, daß

$$[a^2 + ua + v].[a^2 + wa + z] \text{ mit } a^4 + ba^2 + ca + d$$

einerlei werde, für jeden Werth von a, b, c und d.

Löst man die Klammern auf, so entsteht:

$$[u+w]a^3 + [z+v+uw]a^2 + [zu+vw]a + vz = ba^2 + ca + d,$$

und es muß also nach §. 104. Erst. Bd. Arithm.

$u + w = 0$, $z + v + uw = b$, $zu + vw = c$ und $vz = d$ werden. Eliminirt man u, so behält man die 3 Gleichungen

$$v + z = b + w^2,\quad v - z = \frac{c}{w},\quad vz = d.$$

Die beiden ersten derselben geben $v = \frac{b + w^2 + \frac{c}{w}}{2}$;

$z = \frac{b + w^2 - \frac{c}{w}}{2}$; und setzt man diese Werthe in die letzte $vz = d$, so entsteht $[b + w^2]^2 - \frac{c^2}{w^2} = 4d$, oder w^2 durch y ausgedrückt, $y^3 + 2by^2 + (b^2 - 4d)y - c^2 = 0$. Hat man aus dieser Gleichung nach der Cardanischen Formel y gefunden, so ist dann $w = \sqrt{y}$; $v = \frac{b + y + \frac{c}{\sqrt{y}}}{2}$; $z = \frac{b + y - \frac{c}{\sqrt{y}}}{2}$ und $u = -\sqrt{y}$.

§. 27. Aufgabe. Eine Formel zu Auflösung der Gleichungen vom 4ten Grad herzuleiten.

Auflösung. Man bringe nöthigenfalls die gegebene Gleichung auf die Form $x^4 + ax^2 + bx + c = 0$, bestimme dann, nach dem 3ten Beispiel im vor. §., die Werthe von u, v, w, z, der Bedingung gemäß, daß $[x^2 + ux + v] . [x^2 + wx + z] = x^4 + ax^2 + bx + c$ wird, so geht die gegebene Gleichung $x^4 + ax^2 + bx + c = 0$, in die $[x^2 + ux + v] . [x^2 + wx + z] = 0$ über, und dieser geschieht Genüge, sowohl für $x^2 + ux + v = 0$, als auch für $x^2 + wx + z = 0$, aus welchen beiden Gleichungen sich die vier Werthe für x ergeben, welche der Gleichung $x^4 + ax^2 + bx + c = 0$ entsprechen.

§. 28. Zusatz. Für die Praxis ist so wenig die Cardanische Formel §. 26. für die Auflösung der cubischen Gleichungen, als das Verfahren in §. 27. für die Auflösung der biquadratischen Gleichungen brauchbar zu nennen. Die Cardanische Formel giebt nemlich den einen der gesuchten Werthe dann allemal in imaginärer Form, wenn a negativ (§. 26.) und zugleich $\left(\frac{a}{3}\right)^3 > \left(\frac{b}{2}\right)^2$ ist, und das Verfahren in §. 27. (die Bombellische Regel), ist nicht nur im höchsten Grade weitläuftig, sondern führt auch auf die Cardanische Formel zurück, und kann also den einen Werth der Unbekannten auch in imaginärer Form darstellen. Da nun allgemeine Auflösungen der Gleichungen vom 5ten, 6ten Grade u. s. w. noch gar nicht gefunden sind, so betrachtet man jede Aufgabe, welche auf eine höhere Gleichung führt, als aufgelöst, sobald sie geordnet ist, und sucht, nicht in allgemeinen Fällen, sondern nur in speciellen oder Zahlenfällen, die Wurzelwerthe durch Probiren, wobei man dann gewöhnlich, mit annähernden Resultaten zufrieden sein muß. So mancherlei Methoden nun auch aufgesucht sind, um dieses Probiren zu erleichtern, so wird doch jeder, der öfters veranlaßt ist, die Wurzelwerthe numerischer höherer Gleichungen zu bestimmen, bald finden, daß diese Methoden die Arbeit häufig mehr verweitläuftigen, als verkürzen und erleichten. Sie sind deshalb hier, bis auf eine, übergangen, so daß der folgende Paragraph nur das practisch brauchbare der Auflösung höherer numerischer Gleichung enthält.

§. 29. Aufgabe. Eine gegebene numerische höhere Gleichung aufzulösen.

Auflösung. Man setze für x versuchsweise ganze Zahlen, bis man zweie v und v + 1 gefunden hat, von welchen die eine, statt Null, ein positives, die andere ein negatives Resultat liefert. Dann nehme man Zahlen zwischen v und v + 1 liegend, am bequemsten Decimalbrüche, schreibe sie für x, und behalte die zweie als Grenzwerthe bei, von welchen der eine das kleinste positive, der andere das kleinste negative Resultat, statt Null hervorbringt. Hat man so zwei Zahlen p und q gefunden, welche sehr wenig von einander verschieden sind, so schreibe man, wenn $p > q$ ist, und z einen ächten kleinen Bruch bezeichnet, entweder $q + z$ oder $p - z$ für x in die gegebene Gleichung, löse die Klammern auf, lasse die höheren Potenzen von z als unbedeutend weg, behalte nur die erste bei, und entwickle diese, so ist dann $q + z$ oder $p - z$ ein Näherungswerth für x, und um so genauer, je weniger p und q verschieden sind.

Beispiele. 1) $x^3 + 7x^2 - 23x - 407 = 0$.
Für $x = 6$ wird $x^3 + 7x^2 - 23x - 407 = -137$ und
für $x = 7$ wird $x^3 + 7x^2 - 23x - 407 = +119$;
also liegt x zwischen 6 und 7;

für $x = 6{,}4$ entsteht $-\ 5{,}336$;
für $x = 6{,}5$ entsteht $+\ 13{,}875$.

Schreibt man nun $6{,}4 + z$ für x, so entsteht, nach Weglassung der Glieder, welche z in höheren Potenzen enthalten, die Gleichung $-5{,}336 + 189{,}48 . z = 0$, und hieraus $z = 0{,}028$; folglich nahe $x = 6{,}428$.

Wird nun aufs Neue $6{,}428 + z$ für x gesetzt, so erhält man $-0{,}01 . z + 190{,}949 = 0$ und hieraus $z = 0{,}000052$; also $x = 6{,}428052 \ldots$.

2) Die Seite des regulären Neunecks im Kreis zum Halbmesser r zu bestimmen.

Ist Fig. 1. M der Mittelpunct des Kreises, $AB = BC = CD = x$ die Seite des regulären Neunecks, also $AD = r\sqrt{3}$ die des regulären Dreiecks (§. 117. Erst. Bd. Geom.), so sind im Dreieck CED die Winkel bei C, E und D $= 70°$; $70°$ und $40°$; folglich $\triangle CED \sim CDM$; also $CE : CD = CD : DM$ oder $CE : x = x : r$; also $CE = \frac{x^2}{r}$; da nun die Sehnen AD und CF sich in E schneiden, so ist auch

$CE . EF = AE . ED$ (§. 113. Geom. Erst. Bd.) oder $\frac{x^2}{r} . \left[2r - \frac{x^2}{r}\right] = [r\sqrt{3} - x] . x$, und hieraus $x^3 - 3r^2 x + r^3 . \sqrt{3} = 0$; oder, $r . y$ für x geschrieben, $y^3 - 3y + \sqrt{3} = 0$, und man findet durch Probiren $y = 0{,}684 \ldots$, also $x = 0{,}684 \ldots r$. Trigonometrisch hat man sogleich $x = 2r \operatorname{Sin} 20° = 0{,}684 \ldots r$. Die Cardanische Formel giebt dieses Resultat in imaginärer Gestalt, nemlich

$$x = r . \left[\sqrt[3]{\frac{-\sqrt{3} + \sqrt{-1}}{2}} + \sqrt[3]{\frac{-\sqrt{3} - \sqrt{-1}}{2}}\right].$$

3) Einige Kaufleute haben in einem Geschäfte 8240 Thlr. stecken. Hiezu legt nun jeder 40mal so viel Thaler als ihrer Personen sind. Mit der ganzen Summe gewinnen sie eben so viel Procente als ihrer Personen sind; jeder erhält vom Gewinn zehnmal so viel Thaler als Personen sind, und es bleiben dann noch 224 Thlr. übrig. Wie viel Kaufleute sind es?

Bezeichnet x ihre Anzahl, so ist das ganze Kapital $= 8240 + 40x . x$; also der Gewinn $= \frac{x}{100}[8240 + 40x^2]$ und folglich die Gleichung $\frac{x}{100}[8240 + 40x^2] = 10x^2 + 224$ oder $x^3 - 25x^2 + 206x - 560 = 0$.

Da hier wenigstens eine Wurzel eine ganze positive Zahl sein muß, so kann man nach §. 23. 3. mit Factoren von 560 die Versuche anfangen. Man findet leicht, daß 10 vollkommen paßt, und weil $\frac{x^3 - 25x^2 + 206x - 560}{x - 10} = x^2 - 15x + 56$ giebt, zu $x^2 - 15x + 56 = 0$ aber 8 und 7 gehört, so sind die 3 gesuchten Wurzeln 10, 8 und 7, und es können also 10, auch 8, auch 7 Kaufleute gewesen sein. Die Cardanische Formel giebt für dieses Beispiel $x = \frac{1}{3}[25 + \sqrt[3]{10 + \sqrt{-243}} + \sqrt[3]{10 - \sqrt{-243}}]$, also ein imaginäres Resultat, welches aber nothwendig 10, 8 oder 7 ausdrücken muß. Durch Versuche kann man auch finden, daß $[-2+\sqrt{-3}]^3 = 10+\sqrt{-243}$ und $[-2-\sqrt{-3}]^3 = 10-\sqrt{-243}$ ist, und dann verwandelt sich die Formel für x in die

$$x = \tfrac{1}{3}[25-2+\sqrt{-3}-2-\sqrt{-3}] = \tfrac{1}{3}[25-4] = 7.$$

Es läßt sich zeigen, daß jedesmal, wenn die 3 Wurzeln reell sind, die Cardanische Formel in imaginärer Form erscheinen muß, und man nennt diesen Fall den irreductiblen Fall der Cardanischen Regel.

§. 30. Zusatz. Enthält eine Gleichung die Unbekannte x in Verbindungen, die nicht algebraisch sind, so nennt man die Gleichung transcendent. Für transcendente Gleichungen giebt es im Allgemeinen keinen andern Weg der Auflösung als das Probiren in Zahlenfällen, so daß also die Auflösung §. 29. auch für transcendente Gleichungen gültig ist.

Beispiele. 1) Von einer Kreis-Ebene zum Halbmesser r durch eine Sehne den 3ten Theil abzuschneiden.

Bezeichnet x den der Sehne zugehörigen hohlen Winkel in Graden, so ist der Kreisausschnitt $= \frac{x}{360} \cdot r^2 \pi$, das Dreieck $= \frac{1}{2} r^2 \operatorname{Sin} x$ und also die Gleichung:

$$\frac{x}{360} r^2 \pi - \tfrac{1}{2} r^2 \operatorname{Sin} x = \frac{r^2 \pi}{3}; \text{ oder}$$

$$x - \frac{180}{\pi} \operatorname{Sin} x - 120 = 0.$$

Für $x = 149°$ erhält man $x - \frac{180}{\pi} \operatorname{Sin} x - 120 = -0{,}5095$,
für $x = 150°$ bleibt $+1{,}352$,
für $x = 149° 16'$ aber nur $-0{,}014$, und
für $x = 149° 17'$ erhält man $+0{,}017$, so daß mit hinreichender Schärfe $x = 149° 16\tfrac{1}{2}'$ zu setzen ist.

2) Um 2 in einer Ebene liegende Kreisscheiben von 4′ und 2′ Halbmesser (Fig. 2.) ist ein Riemen gelegt, wodurch die drehende Bewegung der einen Scheibe der andern mitgetheilt wird. Die Centrale beträgt 12 Fuß. Wenn nun mit Beibehaltung der Centrale für die kleinere Scheibe eine andere, deren Halbmesser nur ein Fuß ist, eingesetzt wird, wie groß muß dann der Halbmesser der größeren Scheibe genommen werden, damit derselbe Riemen beibehalten werden kann?

Der in der Figur angezeigte Winkel z ergiebt sich aus der Gleichung $12 \operatorname{Cos} z = 4 - 2$; also aus $\operatorname{Cos} z = \frac{1}{6}$; nemlich $z = 80° \; 24'$; und dann die Länge des Riemen

$$= 2.\left[\frac{180° - 80° 24'}{360}.2.4.\pi + \sqrt{12^2 - (4-2)^2} + \frac{80° 24'}{360}.2.2.\pi\right]$$

$= 2 . 21{,}58358.$

Wird nun der unbekannte Halbmesser x gesetzt, so ist bei der in der Figur angegebenen Bedeutung von y die Länge des Riemens, durch x und y ausgedrückt:

$$= 2.\left[\frac{180 - y}{360}.2.x.\pi + 12 \operatorname{Sin} y + \frac{y}{360}.2.1.\pi\right];$$

also, weil $12 \operatorname{Cos} y = x - 1$, folglich $x = 1 + 12.\operatorname{Cos} y$ ist, wenn man diesen Werth für x substituirt, die Bedingungs-Gleichung:

$$2.\left[\frac{180 - y}{360}.2.[1 + 12 \operatorname{Cos} y]\pi + 12 \operatorname{Sin} y + \frac{y}{366} 2.\pi\right]$$

$= 2 . 21{,}58358$, oder geordnet

$$y \operatorname{Cos} y - 57{,}296 \operatorname{Sin} y - 180 \operatorname{Cos} y + 88{,}094 = 0.$$

Durch Versuche findet man ziemlich genau, $y = 71° \; 51'$, und dann $x = 4{,}738$ Fuß.

Anmerk. Sowohl für numerische höhere, als auch für numerische transcendente Gleichungen, kann man sich zuweilen wohl auch folgendes Verfahrens bedienen. Man trägt auf einer geraden Linie aus einem Punct die Werthe von x auf, mit welchen man Proben anstellte, zieht durch die Endpuncte Normalen, und trägt auf diesen, nach einem ebenfalls beliebigen Maaßstab, die Resultate ab, verbindet dann die Endpuncte derselben aus freier Hand durch eine stetig fortgehende Linie, und bemerkt ihre Durchschnittspuncte mit der anfänglichen geraden Linie, so geben die Entfernungen, vom Anfangspunct bis zu diesen Puncten, die gesuchten Wurzeln. Z. B. für die Gleichung $x^3 - 10x^2 + 20x - 6 = 0$ geben 1, 2, 3, 4, 5, 6, 7, 8 für x gesetzt die Reste +5, +2, —9, —16, —31, —30, —13, +26; macht man nun (Fig. 3.) $ab = 1$, $ac = 2$, $ad = 3$, $ae = 4$, $af = 5$, $ag = 6$, $ah = 7$, $ai = 8$, dann die Normalen $bk = +5$, $cl = +2$, $dm = -9$, $en = -16$, $fo = -31$, $gp = -30$, $hq = -13$, $ir = +26$, und zieht die Linie klmnopqr, so sind t und v die Schneidungspuncte, und Schätzungsweise $at = 2\frac{1}{3}$, $av = 7\frac{1}{2}$, also ohngefähr $2\frac{1}{3}$ und $7\frac{1}{2}$ zwei Wurzeln der Gleichung.

Fünftes Kapitel.

Von den vermischten arithmetischen und geometrischen Progressionen.

§. 31. **Erklärung.** Multiplicirt man die Glieder einer geometrischen Progression, der Reihefolge nach, mit den Gliedern einer arithmetischen, so bilden die Producte eine vermischte arithmet. geometr. Progression. Die Bestimmung des allgemeinen Gliedes einer solchen Progression, ist ohne Schwierigkeit, da man (nach Arithm. 13. Kap. Erst. Bd.) die Factoren desselben kennt, und es sollen daher hier für einige besondere Fälle die Summenbestimmungen noch vorgetragen werden.

§. 32. Aufgabe. Die geometrische Progression sei

$$a,\ ae,\ ae^2 \ldots\ldots ae^{n-2},\ ae^{n-1};$$

die arithmetische

$$1,\ 2,\ 3,\ \ldots\ldots n-1,\ n,$$

also die vermischte

$$a,\ 2ae,\ 3ae^2 \ldots\ldots (n-1)ae^{n-2},\ nae^{n-1}.$$

Man soll die Summe S dieser n Glieder bestimmen.

Auflösung. Wird

$$S = a + 2ae + 3ae^2 + \ldots\ldots + (n-1)ae^{n-2} + nae^{n-1}$$

mit e multiplicirt, so entsteht

$$eS = ae + 2ae^2 + 3ae^3 + \ldots\ldots + (n-1)ae^{n-1} + nae^n,$$

und aus beiden Gleichungen

$$(e-1)S = nae^n - [a + ae + ae^2 + \ldots\ldots + ae^{n-1}]$$

$$= nae^n - \frac{ae^n - a}{e-1}, \text{ folglich}$$

$$S = a.\left[\frac{ne^n}{e-1} - \frac{e^n - 1}{(e-1)^2}\right],$$

und hieraus, wenn e ein ächter Bruch und $n = \infty$ ist,

$$S = \frac{a}{(e-1)^2}.$$

§. 33. Aufgabe. Die geometrische Progression sei

$$1,\ e,\ e^2 \ldots\ldots e^{n-2},\ e^{n-1},$$

die arithmetische

$$a,\ a+d,\ a+2d \ldots\ldots a+(n-2)d,\ a+(n-1)d,$$

also die vermischte

$$a,\ (a+d)e,\ (a+2d)e^2 \ldots\ldots [a+(n-2)d]\,e^{n-2},$$
$$[a+(n-1)d]\,e^{n-1}.$$

Man soll die Summe S dieser n Producte bestimmen.

Auflösung. Es wird

$$S = a + ae + ae^2 + \ldots + ae^{n-1} + e[d + 2de + \ldots + (n-1)de^{n-2}]$$

$$= \frac{a\,e^{n-1} - a}{e-1} + e\,d\left[\frac{(n-1)\,e^{n-1}}{e-1} - \frac{e^{n-1}-1}{(e-1)^2}\right] \text{ (§. 32.)},$$

und hieraus auch, wenn e ein ächter Bruch und $n = \infty$ ist,

$$S = \frac{a}{1-e} + \frac{e\,d}{(1-e)^2}.$$

§. 34. Aufgabe. Die geometrische Progression sei

$$1,\ e,\ e^2\ \ldots\ldots\ e^{n-1},$$

die arithmetische

$$1,\ 3,\ 6,\ 10\ \ldots\ldots\ (n+1)_2,$$

also die vermischte

$$1,\ 3e,\ 6e^2,\ 10e^3\ \ldots\ldots\ (n+1)_2 . e^{n-1}.$$

Man soll die Summe S dieser n Glieder darstellen.

Auflösung. Wird

$$S = 1 + 3e + 6e^2 + \ldots\ldots + n_2\,e^{n-2} + (n+1)_2\,e^{n-1}$$

mit e multiplicirt, so entsteht

$$eS = e + 3e^2 + 6e^3 + \ldots\ldots + n_2\,e^{n-1} + (n+1)_2\,e^n,$$

und dann

$$(e-1)S = (n+1)_2 . e^n - [1 + 2e + 3e^2 + \ldots\ldots + n\,e^{n-1}]$$

$$= (n+1)_2 . e^n - \left[\frac{n\,e^n}{e-1} - \frac{e^n - 1}{(e-1)^2}\right], \text{ also}$$

$$S = \frac{(n+1)_2 . e^n}{e-1} - \frac{n\,e^n}{(e-1)^2} + \frac{e^n - 1}{(e-1)^3};$$

und hieraus auch, wenn e ein ächter Bruch und $n = \infty$ ist,

$$S = \frac{1}{(1-e)^3}.$$

§. 35. Aufgabe. Die geometrische Progression sei

$$1,\ e,\ e^2\ \ldots\ldots\ e^{n-1},$$

die arithmetische

$$a,\ 2a + d,\ 3a + 3d \ldots\ldots na + n_2\,d,$$

also die vermischte

$a, \ (2a+d)e, \ (3a+3d)e^2 \ldots . (na+n_2 d)e^{n-1}$.
Man soll die Summe S dieser n Glieder bestimmen.

Auflösung. Es wird

$$S = a + 2ae + 3ae^2 + \ldots . + nae^{n-1} + de[1 + 3e + \ldots . + n_2 e^{n-2}]$$

$$= a\left[\frac{ne^n}{e-1} - \frac{e^n-1}{(e-1)^2}\right] + de.\left[\frac{n_2 e^{n-1}}{e-1} - \frac{(n-1)e^{n-1}}{(e-1)^2} + \frac{e^{n-1}-1}{(e-1)^3}\right]$$

(§. 32. und 34.), und hieraus auch, wenn e ein ächter Bruch und $n = \infty$ ist,

$$S = \frac{a}{(1-e)^2} + \frac{de}{(1-e)^3}.$$

§. 36. Zusatz. Der Gang der Bestimmung bleibt derselbe, wenn auch die arithmetische Progression von einer höheren als der 2ten Ordnung ist.

Beispiele. 1) $1 + 2.2 + 3.2^2 + \ldots . + 6.2^5 = 321$.
2) $1 + 2.\frac{1}{3} + 3.\frac{1}{9} + 4.\frac{1}{27} + \ldots .$ in inf. $= \frac{9}{4}$.
3) $2 + 8.3 + 14.3^2 + \ldots . + 26.3^4 = 2798$.
4) $3 + 9.\frac{1}{2} + 15.(\frac{1}{2})^2 + 21.(\frac{1}{2})^3 + \ldots .$ in inf. $= 18$.

Sechstes Kapitel.

Von der Berechnung der Logarithmen durch Reihen.

§. 37. Aufgabe. Man soll die Werthe der Coefficienten A, B, C u. s. w. der Bedingung gemäß bestimmen, daß für jeden Werth, welchen man dem Zeichen z beilegen mag, allemal

$$a^z = A + Bz + Cz^2 + Dz^3 + \ldots . . \text{ werde.}$$

Auflösung. Man schreibe für z erstens x; zweitens y; drittens x + y, so wird, da die Gleichung $a^z = A + Bz + Cz^2 +$ u. s. w. für jeden Werth von z gültig bleiben soll, also die Unbekannten A, B, C u. s. w. im=

mer dieselben bleiben sollen, man mag für z schreiben was man will:

$$1)\quad a^x = A + Bx + Cx^2 + Dx^3 + \ldots.$$
$$2)\quad a^y = A + By + Cy^2 + Dy^3 + \ldots.$$
$$3)\quad a^{x+y} = A + B(x+y) + C(x+y)^2 + \ldots.$$

Da nun aber $a^x . a^y = a^{x+y}$ ist, so folgt, wenn man diese Reihen substituirt,

$$[A+Bx+Cx^2+Dx^3+\ldots.][A+By+Cy^2+Dy^3+\ldots.]$$
$$= A + B(x+y) + C(x+y)^2 + \ldots.$$

Löst man sämmtliche Klammern auf, und ordnet nach den Potenzen von x oder y, etwa nach denen von y, so entsteht $A^2+ABx+ACx^2+\ldots+[AB+B^2x+BCx^2+BDx^3+\ldots]y+$ u. s. w. $=A+Bx+Cx^2+\ldots.[B+2Cx+3Dx^2+4Ex^3\ldots.]y+$ u. s. w., und hieraus entspringen (Arithm. §. 104. Erst. Bd.) die Gleichungen

$$A(A+Bx+Cx^2+\ldots) = A+Bx+Cx^2+\ldots.$$
$$AB+B^2x+BCx^2+BDx^3+\ldots=B+2Cx+3Dx^2+4Ex^3+\ldots$$

u. s. w.

Aus der 1sten folgt $A=1$; aus der 2ten (nach Arithm. §. 104. Erst. Bd.) erhält man $AB=B$; $B^2=2C$; $BC=3D$; $BD=4E$; u. s. w., und hieraus

$$A=1;\quad C=\frac{B^2}{2};\quad D=\frac{B^3}{2.3}=\frac{B^3}{(3)};\quad E=\frac{B^4}{(4)};\text{ u. s. w.,}$$

so daß also

$$(\mathrm{I})\quad a^z = 1 + Bz + \frac{B^2}{(2)}z^2 + \frac{B^3}{(3)}z^3 + \ldots. \text{ ist,}$$

in welcher Gleichung nur B noch unbekannt bleibt, welcher Werth von der Wurzel a abhängig sein muß.

Um aus (I) eine bequemere Vergleichung zwischen a und B zu erhalten, setze man zuvörderst $z=1$, so entsteht

$$(\mathrm{II})\quad a = 1 + B + \frac{B^2}{(2)} + \frac{B^3}{(3)} + \ldots.$$

Nun bezeichne man den Werth, welchen a dann haben muß, wenn $B = 1$ ist, durch e, so erhält man

(III) $e = 1 + 1 + \frac{1}{(2)} + \frac{1}{(3)} + \ldots\ldots = 2,7182818\ldots\ldots$

Nun schreibe man diese zusammengehörigen Werthe, nemlich 1 für B und 2,7182818..., oder e für a in (I), so wird

(IV) $e^z = 1 + z + \frac{z^2}{(2)} + \frac{z^3}{(3)} + \ldots\ldots$ für jeden Werth von z, also auch für $z = B$. Für $z = B$ wird aber aus (IV)

(V) $e^B = 1 + B + \frac{B^2}{(2)} + \frac{B^3}{(3)} + \ldots\ldots$, und aus der Vergleichung von (II) und (V) entspringt:

(VI) $a = e^B$; also auch $B = \frac{\mathrm{Log}\,a}{\mathrm{Log}\,e}$ (Erst. Bd. Arithm. §. 138.) für jede Basis oder Grundzahl. Wählt man $e = 2,7182818\ldots\ldots$ als Basis, so ist $\overset{e}{\mathrm{Log}}\,e = 1$, und folglich

(VII) $B = \overset{e}{\mathrm{Log}}\,a$.

Man nennt die Logarithmen, deren Basis $e = 2,7182818\ldots\ldots$ ist, die **natürlichen Logarithmen**, und bezeichnet sie bequemer durch Ln. Für diese Zeichensprache ist dann also $B = \frac{\mathrm{Log}\,a}{\mathrm{Log}\,e} = \mathrm{Ln}\,a$, und folglich

(VIII) $a^z = 1 + \frac{z \,.\, \mathrm{Ln}\,a}{1} + \frac{z^2 \,.\, (\mathrm{Ln}\,a)^2}{(2)} + \frac{z^3 \,.\, (\mathrm{Ln}\,a)^3}{(3)} + \ldots\ldots$

wodurch die Aufgabe aufgelöst ist.

§. 38. **Aufgabe.** Man soll $\mathrm{Ln}\,(1 + x)$ in eine nach den ganzen steigenden Potenzen von x fortlaufende Reihe verwandeln.

Auflösung. Man schreibe in (VIII) §. 37. $1 + x$ für a, so entsteht

$$(1 + x)^z = 1 + \frac{z\,\mathrm{Ln}\,(1 + x)}{(1)} + \frac{z^2 \,.\, [\mathrm{Ln}\,(1 + x)]^2}{(2)} + \ldots\ldots$$

Es ist aber auch, nach dem binomischen Satz (Erst. Bd. §. 108. Arithm.),

$$(1+x)^z = 1 + z.x + z_2.x^2 + z_3.x^3 + \ldots$$

$$= 1 + z.x + \frac{z^2-z}{2}x^2 + \frac{z^3-3z^2+2z}{6}.x^3 + \ldots$$

$$= 1 + \left[x - \frac{x^2}{2} + \frac{x^3}{3} - \frac{x^4}{4} \ldots\right]z + \left[\frac{x^2}{2} - \frac{x^3}{2} \ldots\right]z^2 + \ldots$$

und folglich

$$1 + \frac{z\,Ln(1+x)}{1} + \frac{z^2[Ln(1+x)]^2}{(2)} + \ldots$$

$$= 1 + \left[x - \frac{x^2}{2} + \frac{x^3}{3} - \frac{x^4}{4} \ldots\right]z + \left[\frac{x^2}{2} - \frac{x^3}{3} \ldots\right]z^2 + \ldots;$$

also, weil diese Gleichung für jeden Werth von z gültig ist (nach Arithm. Erst. Bd. §. 104.),

$$\text{(I)}\quad Ln(1+x) = x - \frac{x^2}{2} + \frac{x^3}{3} - \frac{x^4}{4} + \frac{x^5}{5} - \ldots$$

§. 39. **Aufgabe.** Man soll schnell convergirende Reihen bilden, nach welchen sich die natürlichen Logarithmen aller Zahlen leicht berechnen lassen.

Auflösung. 1) Setzt man in (I) §. 38. $-x$ für x, so entsteht

$$Ln(1-x) = -x - \frac{x^2}{2} - \frac{x^3}{3} - \frac{x^4}{4} - \frac{x^5}{5} - \ldots$$

und subtrahirt man diese Gleichung von der (I) §. 38., so bleibt

$$Ln(1+x) - Ln(1-x) = 2.\left[x + \frac{x^3}{3} + \frac{x^5}{5} + \frac{x^7}{7} + \ldots\right]$$

oder, nach Arithm. §. 138. Erst. Bd.,

$$Ln\frac{1+x}{1-x} = 2.\left[x + \frac{x^3}{3} + \frac{x^5}{5} + \ldots\right]$$

und, wenn der Bruch $\frac{1+x}{1-x}$ durch ein Zeichen u ausgedrückt wird,

$$\text{(I)}\quad Ln\,u = 2.\left[\frac{u-1}{u+1} + \tfrac{1}{3}.\left(\frac{u-1}{u+1}\right)^3 + \tfrac{1}{5}.\left(\frac{u-1}{u+1}\right)^5 + \ldots\right].$$

2) Schreibt man $\frac{1+w}{w}$ für u in (I), so entspringt

(II) $\text{Ln}(1+w)$

$$= \text{Ln}\,w + 2.\left[\frac{1}{2w+1} + \frac{1}{3.(2w+1)^3} + \frac{1}{5.(2w+1)^5} + \ldots\right].$$

3) Wird $\frac{r^2}{r^2-1}$ für u in (I) gesetzt, so erhält man, weil $\text{Ln}\frac{r^2}{r^2-1} = \text{Ln}\,r^2 - \text{Ln}(r^2-1) = 2\text{Ln}\,r - \text{Ln}(r+1) - \text{Ln}(r-1)$ ist,

(III) $\text{Ln}(r+1) = 2\text{Ln}\,r - \text{Ln}(r-1)$

$$-2.\left[\frac{1}{2r^2-1} + \frac{1}{3(2r^2-1)^3} + \frac{1}{5.(2r^2-1)^5} + \ldots\right].$$

Beispiele. Für $u = 2$ wird aus (I)

$$\text{Ln}\,2 = 2.\left[\frac{1}{3} + \frac{1}{3.3^3} + \frac{1}{5.3^5} + \ldots\right],$$

dann folgt aus (II), $w = 2$ gesetzt,

$$\text{Ln}\,3 = \text{Ln}\,2 + 2.\left[\frac{1}{5} + \frac{1}{3.5^3} + \frac{1}{5.5^5} + \ldots\right],$$

ferner $\text{Ln}\,4 = 2\text{Ln}\,2$ (Erst. Bd. Arithm. §. 138.); und nun nach (III)

$$\text{Ln}\,5 = 2\text{Ln}\,4 - \text{Ln}\,3 - 2.\left[\frac{1}{31} + \frac{1}{3.31^3} + \frac{1}{5.31^5} + \ldots\right],$$

dann, weil $\text{Ln}\,6 = \text{Ln}\,2 + \text{Ln}\,3$ ist,

$$\text{Ln}\,7 = 2\,\text{Ln}\,6 - \text{Ln}\,5 - 2.\left[\frac{1}{71} + \frac{1}{3.71^3} + \ldots\right]$$

u. s. w.

§. 40. **Aufgabe.** Die Berechnung der Logarithmen für jedes System, etwa fürs Briggische, wo die Basis $= 10$ ist, auf die Berechnung der natürlichen Logarithmen zurückzuführen.

Auflösung. Es sei allgemein die Basis $= b$; und $\overset{b}{\text{Log}}\,a = y$; $\text{Ln}\,a$ oder $\overset{e}{\text{Log}}\,a = z$; so ist $b^y = a$ und $e^z = a$; folglich auch $b^y = e^z$; daher $z\,\text{Ln}\,e = y\,\text{Ln}\,b$;

oder $z = y\,\text{Ln}\,b$; also $y = \frac{z}{\text{Ln}\,b}$; oder, für y und z ihre anfängliche Bedeutung geschrieben,

(I) $\overset{b}{\text{Log}}\,a = \frac{\text{Ln}\,a}{\text{Ln}\,b}$, und hieraus fürs Briggische System

(II) $\overset{10}{\text{Log}}\,a = \frac{\text{Ln}\,a}{\text{Ln}\,10} = 0{,}43429\ldots\text{Ln}\,a$, so wie umgekehrt $\text{Ln}\,a = 2{,}302585\ldots\overset{10}{\text{Log}}\,a$.

Der Bruch $\frac{1}{\text{Ln}\,b}$, womit Ln a noch multiplicirt werden muß, um $\overset{b}{\text{Log}}\,a$ hervorzubringen, heißt der **Modul des Logarithmensystems zur Basis** b.

§. 41. **Zusatz.** Setzt man $\frac{P+d}{P}$ für u in (I) §. 39., so erhält man

$$\text{Ln}(P+d) = \text{Ln}\,P + 2.\left[\frac{2}{2P+d} + \frac{d^3}{3(2P+d)^3} + \ldots\right]$$

und also auch, wenn man diese Gleichung mit 0,43429... sich multiplicirt denkt, fürs Briggische System, und eben so für jedes System

$$\overset{10}{\text{Log}}(P+d) = \text{Log}\,P = 2.0{,}43429.\left[\frac{d}{2P+d} + \ldots\right].$$

Ist nun d gegen P sehr klein, so kann man alle nach dem ersten folgenden Glieder in den Klammern als unbedeutend weglassen, und behält als Näherungsformel

$$\overset{10}{\text{Log}}(P+d) = \overset{10}{\text{Log}}\,P + 2.0{,}43429.\frac{d}{2P+d},$$

wonach die Log. von Zahlen, welche die Grenzen der Tafeln überschreiten, auszumitteln sind. Z. B. den $\overset{10}{\text{Log}}\,780567849$ zu bestimmen.

Es ist $780567849 = 10000.78056{,}7849$; also

$$\overset{10}{\text{Log}}\,780567849 = \overset{10}{\text{Log}}\,10000 + \overset{10}{\text{Log}}\left(78056 + \tfrac{7849}{10000}\right)$$
$$= 4 + \overset{10}{\text{Log}}\,78056 + 2.0{,}43429.\frac{0{,}7849}{2.78056 + 0{,}7849}$$
$$= 4 + 4{,}8924063 + 0{,}0000043 = 8{,}8924106.$$

§. 42. Zusatz. Man kann in der Formel für Log(P + d) im vor. §., im Nenner des letzten Gliedes, auch d gegen 2P als Summand, sehr wohl ganz außer Betracht lassen, und erhält dann

$$\overset{10}{\text{Log}}(P + d) - \overset{10}{\text{Log}}\,P = 0{,}43429 \,.\, \frac{d}{P},$$

und also, wenn d' gegen P ebenfalls sehr klein ist, eben so:

$$\overset{10}{\text{Log}}(P + d') - \overset{10}{\text{Log}}\,P = 0{,}43429 \,.\, \frac{d'}{P};$$

folglich auch, wenn man dividirt

$$\frac{\overset{10}{\text{Log}}(P + d) - \overset{10}{\text{Log}}\,P}{\overset{10}{\text{Log}}(P + d') - \overset{10}{\text{Log}}\,P} = \frac{d}{d'},$$

d. h. die Unterschiede der Logarithmen wenig von einander verschiedener Zahlen verhalten sich beinahe wie die Unterschiede der zugehörigen Zahlen selbst, sowohl fürs Briggische, als auch für jedes andere System. Nach diesem Gesetz sind ebenfalls die Logarithmen von Zahlen, welche die Grenzen der Tafeln überschreiten, zu berechnen. Z. B. Log 5967478 aus Tafeln zu bestimmen, die nur die Logarithmen bis zu fünfziffrigen Zahlen enthalten.

Es ist 5967478 = 100 . 59674,78; also Log 5967478 = 2 + Log 59674,78. Nun ist nach den Tafeln, für die nächsthöhere fünfziffrige Zahl 59675; Log 59675 = 4,7757924, und für die nächstniedrige 59674, Log 59674 = 4,7757851; folglich

$$\frac{\text{Log}\,59675 - \text{Log}\,59674}{\text{Log}\,59674{,}78 - \text{Log}\,59674} = \frac{1}{0{,}78};$$ also weil der Zähler des ersten Bruchs = 0,0000073 ist;

$$\begin{aligned}\text{Log}\,59674{,}78 &= \text{Log}\,59674 + 0{,}78 \,.\, 0{,}0000073\\ &= 4{,}7757851 + 0{,}000005694\\ &= 4{,}775790794;\end{aligned}$$ oder, wenn nur 7 Decimalstellen

malstellen beizubehalten sind, Log 59674,78 = 4,7757908; also Log 5967478 = 6,7757908.

In den Tafeln selbst ist unter der Rubrik P. P. (partes proport.) sogleich angegeben, was zur Differenz der Logarithmen der nächsthöheren und nächstniederen fünfziffrigen Zahl (hier 73), sowohl wegen der 6ten Ziffer (hier 7) als wegen der 7ten (hier 8), für Summanden gehören (hier 51 und 58), die den letzten um eine Stelle weiter rechts gerückt, zur Mantisse des Logarithmen der nächstniedrigern fünfziffrigen Zahl, zuzuzählen sind.

Siebentes Kapitel.

Von der Berechnung der trigonometrischen Functionen durch Reihen.

§. 43. Lehrsatz. Bezeichnet x die Länge eines Kreisbogens für den Halbmesser Eins, so ist der Bruch $\frac{\mathrm{Sin}\,x}{x}$ dann gleich Eins, wenn x gleich Null ist.

Beweis. Es ist für $x < \frac{\pi}{2}$; $\mathrm{Sin}\,x < x$; also $\frac{\mathrm{Sin}\,x}{x} < 1$; und $\mathrm{Tg}\,x > x$; oder $\frac{\mathrm{Sin}\,x}{\mathrm{Cos}\,x} > x$; also $\frac{\mathrm{Sin}\,x}{x} > \mathrm{Cos}\,x$. Da nun $\frac{\mathrm{Sin}\,x}{x}$ zwischen den Grenzen 1 und $\mathrm{Cos}\,x$ liegt, und diese Grenzen zusammenfallen, wenn x gleich Null wird, so ist also, für x gleich Null, $\frac{\mathrm{Sin}\,x}{x}$ gleich Eins.

§. 44. Lehrsatz. Bezeichnet x einen Bogen-Winkel, so müssen, wenn $\mathrm{Sin}\,x$ durch eine nach den positiven ganzen Potenzen von x fortschreitende Reihe ausdrückbar ist, die Coefficienten von x^0, x^2, x^4, x^6 .... alle gleich Null sein.

Beweis. Bezeichnen A, B, C u. s. w. von x unabhängige, noch unbekannte Coefficienten, so muß, wenn $\text{Sin}\,x = A + Bx + Cx^2 + Dx^3 + \ldots$ sein kann, auch $\text{Sin}(-x) = A - Bx + Cx^2 - Dx^3 \ldots$ sein.

Es ist aber $\text{Sin}(-x) = -\text{Sin}\,x$, und also müßte auch $A - Bx + Cx^2 - Dx^3 + \ldots = -(A + Bx + Cx^2 + Dx^3 + \ldots)$ sein, für jeden Werth von x, und aus dieser Gleichung folgt (nach Erst. Bd. Arithm. §. 104.)

$A = -A$; $-B = -B$; $C = -C$; $-D = -D$; $E = -E$ u. s. w., also $A = 0$; $C = 0$; $E = 0$ u. s. w.

Ist demnach $\text{Sin}\,x$ durch eine Reihe nach den Potenzen von x auszudrücken, so kann sie nur die Form haben:

$$\text{Sin}\,x = Bx + Dx^3 + Fx^5 + \ldots.$$

§. 45. Lehrsatz. Sind B, D, F u. s. w. so bestimmbar, daß für jeden Werth von x; $\text{Sin}\,x = Bx + Dx^3 + Fx^5 \ldots$ wird, so muß nothwendig $B = 1$ sein.

Beweis. Aus $\text{Sin}\,x = Bx + Dx^3 + Fx^5 + \ldots$ folgt $\frac{\text{Sin}\,x}{x} = B + Dx^2 + Fx^4 + \ldots$; und hieraus, für $x = 0$, nach §. 43., $1 = B$.

Ist also $\text{Sin}\,x$ durch eine solche Reihe darzustellen, so kann sie nur die Form haben:

$$\text{Sin}\,x = x + ax^3 + bx^5 + cx^7 + \ldots.$$

§. 46. Lehrsatz. Ist $\text{Cos}\,x$ durch eine Reihe nach den Potenzen von x auszudrücken, so müssen die Coefficienten von x^1, x^3, x^5 u. s. w., nothwendig $= 0$ sein.

Beweis. Bezeichnen wieder A, B, C u. s. w., von x unabhängige noch unbekannte Coefficienten, so muß, wenn $\text{Cos}\,x = A + Bx + Cx^2 + Dx^3 + \ldots$ sein kann, auch $\text{Cos}(-x) = A - Bx + Cx^2 - Dx^3 + \ldots$ sein.

Es ist aber $\mathrm{Cos}\,x = \mathrm{Cos}\,(-x)$, und also müßte auch $A + Bx + Cx^2 + Dx^3 + \ldots = A - Bx + Cx^2 - Dx^3 \ldots$ sein, für jeden Werth von x, und hieraus folgt, wie in §. 44., $B = 0$; $D = 0$; $F = 0$ u. s. w.

Ist demnach $\mathrm{Cos}\,x$ durch eine solche Reihe auszudrücken, so kann sie nur die Form haben:

$$\mathrm{Cos}\,x = A + Cx^2 + Ex^4 + \ldots.$$

§. 47. Lehrsatz. Kann $\mathrm{Cos}\,x = A + Cx^2 + Ex^4 + \ldots$ sein, so muß nothwendig $A = 1$ werden.

Beweis. Aus $\mathrm{Cos}\,x = + Cx^2 + Ex^4 + \ldots$ folgt, für $x = 0$, $\mathrm{Cos}\,0$ oder $1 = A$.

Ist also $\mathrm{Cos}\,x$ durch eine solche Reihe auszudrücken, so kann sie nur die Form haben:

$$\mathrm{Cos}\,x = 1 + \alpha x^2 + \beta x^4 + \gamma x^6 + \ldots.$$

§. 48. Lehrsatz. Es ist $\mathrm{Sin}\,x = x + ax^3 + bx^5 + cx^7 + \ldots$ und $\mathrm{Cos}\,x = 1 + \alpha x^2 + \beta x^4 + \gamma x^6 + \ldots$, und die Coefficienten $a, b, c \ldots \alpha, \beta. \gamma \ldots$ sind von x unabhängige, also absolute Zahlen.

Beweis. Man nehme an, es sei $\mathrm{Sin}\,x = x + ax^3 + \ldots$ und $\mathrm{Cos}\,x = 1 + \alpha x^2 + \ldots$, und behandle $a, b \ldots \alpha, \beta \ldots$ als unabhängig von x. Ergeben sich dann, diesen Voraussetzungen zufolge, Zahlenwerthe für $a, b \ldots \alpha, \beta \ldots$, so hat man die Existenz der Reihen dargethan, und sie zugleich gefunden.

1) In $\mathrm{Sin}\,x^2 + \mathrm{Cos}\,x^2 = 1$ substituire man beide Reihen, so folgt

$[x + ax^3 + bx^5 + \ldots]^2 + [1 + \alpha x^2 + \beta x^4 + \ldots]^2 = 1$, oder geordnet $[1 + 2\alpha]x^2 + [2a + \alpha^2 + 2\beta]x^4 + [a^2 + 2b + 2\gamma + 2\alpha\beta]x^6 + \ldots = 0$, und hieraus (Erst. Bd. Arith. §. 104.) $1 + 2\alpha = 0$, $2a + \alpha^2 + 2\beta = 0$, $a^2 + 2b + 2\gamma + 2\alpha\beta = 0$ u. s. w.

2) In $\text{Sin}\,2x = 2\,\text{Sin}\,x\,\text{Cos}\,x$ (Erst. Bd. Arithm. §. 181. V.) substituire man ebenfalls obige Reihen, so wird

$$2x + a(2x)^3 + b(2x)^5 + \ldots$$

$$= 2.[x + ax^3 + bx^5 + \ldots].[1 + \alpha x^2 + \beta x^4 + \gamma x^6 \ldots],$$

oder geordnet $3ax^3 + 15bx^5 + 63cx^7 + \ldots$

$= \alpha x^3 + (a\alpha + \beta)x^5 + (\alpha b + a\beta + \gamma)x^7 \ldots$, und hieraus (Erst. Bd. Arithm. §. 104.) $3a = \alpha$, $15b = a\alpha + \beta$, $63c = \alpha b + \alpha\beta + \gamma$ u. s. w.

3) Die 6 dargestellten Gleichungen in 1. und 2., geben $\alpha = -\frac{1}{2}$, $a = -\frac{1}{6}$, $\beta = \frac{1}{24}$, $b = \frac{1}{120}$, $\gamma = -\frac{1}{720}$, $c = -\frac{1}{5040}$, oder $a = -\frac{1}{(3)}$, $b = +\frac{1}{(5)}$, $c = -\frac{1}{(7)}$, $\alpha = -\frac{1}{(2)}$, $\beta = +\frac{1}{(4)}$, $\gamma = -\frac{1}{(6)}$, und man hat also:

$$\text{(I)} \quad \text{Sin}\,x = x - \frac{x^3}{(3)} + \frac{x^5}{(5)} - \frac{x^7}{(7)} + \ldots$$

$$\text{(II)} \quad \text{Cos}\,x = 1 - \frac{x^2}{(2)} + \frac{x^4}{(4)} - \frac{x^6}{(6)} + \ldots$$

§. 49. Zusatz. Aus den beiden Reihen (I) und (II) im vor. §. ist es sehr leicht, für jeden Winkel die absoluten Werthe von Sin und Cos zu berechnen.

Will man z. B. Cos 10°, so ist der zu 10° gehörige Bogen-Winkel $= \frac{10}{360}.2.\pi = \frac{\pi}{18}$, folglich

$$\text{Cos}\,10^\circ = \text{Cos}\,\frac{\pi}{18} = 1 - \frac{\pi^2}{(2).18^2} + \frac{\pi^4}{(4).18^4} - \frac{\pi^6}{(6).18^6} + \ldots,$$

und hieraus erhält man, am leichtesten durch Logarithmen, den verlangten Werth, wenn man die ersten vier Glieder berechnet, so genau, wie er auch aus den Tafeln zu entnehmen ist.

§. 50. Lehrsatz. Es ist

$$x = \text{Sin}\,x + \frac{\text{Sin}\,x^3}{2.3} + \frac{3\,\text{Sin}\,x^5}{2.4.5} + \frac{3.5\,\text{Sin}\,x^7}{2.4.6.7} + \ldots$$

Beweis. Man bezeichne Sin x durch z, setze $x = az + bz^2 + cz^3 + dz^5 + \ldots$, und substituire diesen Werth für x in (I) §. 48., so erhält man auf den bisherigen Weg obige Reihe.

§. 51. Zusatz. Wird in der Reihe §. 50. der Winkel von 30° angenommen, also $x = \frac{30}{360} . 2\pi = \frac{\pi}{6}$ und $\text{Sin}\, x = \frac{1}{2}$ gesetzt, so erhält man

$$\pi = 6 . \left[\frac{1}{2} + \frac{1}{2.3.2^3} + \frac{3}{2.4.5.2^5} + \frac{3.5}{2.4.6.7.2^7} + \cdots\right],$$

wonach π sehr leicht in vielen Decimalstellen zu berechnen ist.

Achtes Kapitel.

Vom Interpoliren.

§. 52. Erklärung. Im ersten Band (Arithm. §. 201. und 202.) wurde bei den einfachen Reihen schon erwähnt, was Interpoliren oder Einschalten heißt, und zugleich gezeigt, wie man bei den arithmetischen und geometrischen Reihen interpolirte Glieder bestimmt. Es kann indessen der Fall eintreten, daß man aus Beobachtungen zwar eine Reihe von Werthen kennt, aber nicht hinreichend genug, um das Gesetz des Fortgangs mit Bestimmtheit angeben zu können, und in solchen Fällen ist es dann von der größten Wichtigkeit, andere zwischen diesen Beobachtungen enthaltene Werthe zu ergänzen oder einzuschalten. Dieses Einschalten oder Interpoliren erfordert, daß man einen Ausdruck bilde, welcher den sämmtlichen gegebenen Werthen entspricht, von welchen also zugleich wahrscheinlich ist, daß er auch für die dazwischen liegenden Werthe der Wahrheit sich nähernde Resultate liefern wird. Die durch Beobachtungen gefundenen Werthe sind jedesmal von Werthen anderer Größen, die bei den Beobachtungen gewählt wurden, abhängig, und diese zum Grunde gelegten Werthe, nennt man Wurzelwerthe, die durch die Beobachtungen gefundenen zugehörigen Werthe heißen Reihenglieder.

Hat man z. B. aus genauen Versuchen bei einer Kanone, für den Zollaufsatz a, die Schußweite = A,

" " " " " b, " " " " = B,

" " " " " c, " " " " = C,

" " " " " d, " " " " = D

gefunden, so sind a, b, c, d die Wurzelwerthe; A, B, C, D die zugehörigen Reihenglieder.

Wenn nun die Theorie keine allgemein gültige Gleichung zwischen dem Zollaufsatz und der Schußweite liefert, so müßte man sich für diesen Fall begnügen, eine Formel zwischen beiden Größen zu bilden, welche obigen Beobachtungen entspräche, so daß: wenn x irgend einen andern zwischen jenen liegenden Zollaufsatz, und y die zugehörige Schußweite bezeichnet, die zu bildende Formel, wenn in ihr a, b, c oder d für x geschrieben wird, dann für y die Resultate A, B, C, D lieferte. Eine solche Formel heißt dann Interpolations-Formel, und die Bildung derselben ist der Gegenstand dieses Kapitels.

§. 53. Aufgabe. Die Wurzelwerthe a, b, c u. s. w., bilden eine arithmetische Progression der ersten Ordnung, sie sollen durch a, $a+d$, $a+2d \ldots a+(n-1)d$ bezeichnet sein, die zugehörigen Reihenglieder sind A_1, A_2, A_3, $A_4 \ldots A_n$, man soll das irgend einem Wurzelwerth x [zwischen a und $a+(n-1)d$ liegend) zugehörige Reihenglied y bestimmen.

Auflösung. Betrachtet man A_1, A_2, $A_3 \ldots$ bis A_n, als die ersten n Glieder einer arithmetischen Reihe höherer Ordnung, so hat man

zu den Stellenzahlen 1 2 3 . . . . n,
die Wurzelwerthe $a \quad a+d \quad a+2d \ldots a+(n-1)d$
und die Reihenglieder $A_1 \quad A_2 \quad A_3 \ldots\ldots A_n$;
also, mit Beibehaltung der Bedeutung von $d^1 A_1$, $d^2 A_1$ u. s. w., wie in §. 193. (Erst. Bd. Arithm.),

$$A_n = A_1 + (n-1)_1 . d^1 A_1 + (n-1)_2 . d^2 A_1 + (n-1)_3 . d^3 A_1 + \ldots$$ (Erst. Bd. §. 194. Arithm.).

Ist nun $x = a + (r-1)d$, so hat man sogleich das zugehörige Reihenglied

$$y = A_1 + (r-1)_1 . d^1 A_1 + (r-1)_2 . d^2 A_1 + \ldots,$$

oder $\frac{x-a}{d}$ für $r-1$ geschrieben, die verlangte Interpolations-Formel:

$$y = A_1 + \left(\frac{x-a}{d}\right)_1 . d^1 A_1 + \left(\frac{x-a}{d}\right)_2 . d^2 A_1 + \left(\frac{x-a}{d}\right)_3 . d^3 A_1 +$$
u. s. w.

Beispiel. Bei einer Kanone sei
die Schußweite 800 Schritt, bei $\frac{1}{4}$ Zoll Auffsatz,
" " " 1200 " " $2\frac{1}{4}$ " " "
" " " 1600 " " $4\frac{1}{2}$ " " "
" " " 2000 " " $6\frac{1}{4}$ " " "
so findet man hier $a = 800$, $d = 400$, $A_1 = \frac{1}{4}$, $d^1 A_1 = 2$, $d^2 A_1 = \frac{1}{4}$, $d^3 A_1 = -\frac{1}{4}$, also den Zollauffsatz y für eine Schußweite von x Schritten

$$= \frac{1}{4} + \left(\frac{x-800}{400}\right)_1 . 2 + \left(\frac{x-800}{400}\right)_2 . \frac{1}{4} - \left(\frac{x-800}{400}\right)_3 . \frac{1}{4}.$$

Ist etwa $x = 900$, so erhält man $y = \frac{365}{512}$ Zoll.

§. 54. Aufgabe. Die aufeinander folgenden Wurzelwerthe $a_1 \; a_2 \; a_3 \; a_4$ u. s. w. bilden keine arithmetische Progression; die zugehörigen Reihenglieder sind $A_1 \; A_2 \; A_3 \; A_4$ u. s. w.; man soll für irgend einen andern Wurzelwerth x, der zwischen den gegebenen liegt, das zugehörige Reihenglied y darstellen.

1ste Auflösung. Man nehme für y folgende Bestimmungsform durch x an:

$$y = \alpha + \beta x + \gamma x^2 + \delta x^3 + \dots .$$

in welcher die Coefficienten α, β, γ u. s. w. noch unbekannte Ausdrücke sind, und bestimme sie den Bedingungen gemäß, daß für $x = a_1$ sich für y der Werth A_1, für $x = a_2$ sich für y der Werth A_2 ergiebt u. s. w. Zu diesem Zweck nehme man eben so viele Glieder der Reihe an, als Wurzelwerthe und zugehörige Reihenglieder gegeben sind, so erhält man

$$A_1 = \alpha + \beta a_1 + \gamma a_1^2 + \delta a_1^3 + \dots .$$
$$A_2 = \alpha + \beta a_2 + \gamma a_2^2 + \delta a_2^3 + \dots .$$
$$A_3 = \alpha + \beta a_3 + \gamma a_3^2 + \delta a_3^3 + \dots .$$
u. s. w.

und bestimme nun aus diesen Gleichungen, deren Anzahl eben so groß ist, wie die der zu bestimmenden Coefficienten α, β, γ u. s. w. die Werthe derselben. Setzt man dann diese gefundenen Werthe in die angenommene Gleichung

$$y = \alpha + \beta x + \gamma x^2 + \dots .$$

so genügt sie den gegebenen Wurzelwerthen, da sie nothwendig die zugehörigen Reihenglieder liefern muß, und kann also auch für Wurzelwerthe, welche zwischen den gegebenen liegen, annähernd gebraucht werden.

Denkt man sich nur zwei Wurzelwerthe a_1 a_2 und die zugehörigen Reihenglieder A_1 A_2 gegeben, so erhält man aus den Gleichungen

$$A_1 = \alpha + \beta . a_1 \text{ und } A_2 = \alpha + \beta . a_2;$$

$$\beta = \frac{A_1 - A_2}{a_1 - a_2} \text{ und } \alpha = \frac{a_1 A_2 - a_2 A_1}{a_1 - a_2};$$

also, nach gehöriger Ordnung, die Interpolationsformel für Werthe von x zwischen a_1 und a_2

$$y = \frac{x - a_2}{a_1 - a_2} . A_1 + \frac{x - a_1}{a_2 - a_1} . A_2 .$$

Denkt man sich drei Wurzelwerthe a_1 a_2 a_3 und die zugehörigen Reihenglieder A_1 A_2 A_3, so erhält man eben so die Interpolationsformel für Wurzelwerthe x zwischen den gegebenen

$$y = \frac{(x - a_2)(x - a_3)}{(a_1 - a_2)(a_1 - a_3)} . A + \frac{(x - a_1)(x - a_3)}{(a_2 - a_1)(a_2 - a_3)} A_2$$
$$+ \frac{(x - a_1)(x - a_2)}{(a_3 - a_1)(a_3 - a_2)} A_3 .$$

Es erhellet hieraus leicht die Richtigkeit folgender allgemeinen Interpolationsformel

$$y = \frac{(x - a_2)(x - a_3)(x - a_4)(x - a_5)\ldots}{(a_1 - a_2)(a_1 - a_3)(a_1 - a_4)(a_1 - a_5)\ldots} . A_1$$
$$+ \frac{(x - a_1)(x - a_3)(x - a_4)(x - a_5)\ldots}{(a_2 - a_1)(a_2 - a_3)(a_2 - a_4)(a_2 - a_5)\ldots} . A_2$$
$$+ \frac{(x - a_1)(x - a_2)(x - a_4)(x - a_5)\ldots}{(a_3 - a_1)(a_3 - a_2)(a_3 - a_4)(a_3 - a_5)\ldots} . A_3$$
$$+ \frac{(x - a_1)(x - a_2)(x - a_3)(x - a_5)\ldots}{(a_4 - a_1)(a_4 - a_2)(a_4 - a_3)(a_4 - a_5)\ldots} . A_4$$

u. s. w., in welcher das Gesetz der Fortschreitung deutlich zu übersehen ist, auch sogleich in die Augen fällt, daß

$$y = A_1 \text{ für } x = a_1$$
$$y = A_2 \text{ für } x = a_2$$
$$y = A_3 \text{ für } x = a_3$$

u. s. w. erhalten wird.

Für das Zahlen-Beispiel in §. 53. ist

$a_1 = 800$; $a_2 = 1200$; $a_3 = 1600$; $a_4 = 2000$;
$A_1 = \frac{1}{4}$; $A_2 = \frac{9}{4}$; $A_3 = \frac{9}{2}$; $A_4 = \frac{25}{4}$;
und für $x = 900$ erhält man $y = \frac{351}{512}$ Zoll, welches von dem in §. 53. noch nicht $\frac{1}{3}$ Scrupel abweicht.

Für $x = 1500$ findet man $y = \frac{2025}{512}$ beinahe $= 4$ Zoll.

2te Auflösung. Man trage ganz mit dem Verfahren in der Anmerkung zu §. 30. übereinstimmend, auf einer geraden Linie, nach einem beliebigen Maaßstab aus einem beliebig gewählten Anfangspunct die Wurzelwerthe a_1, a_2, a_3, u. s. w. ab; mache also (Fig. 4.) $BC = a_1$; $BD = a_2$; $BE = a_3$; $BF = a_4$ u. s. w., errichte in den Endpuncten C, D, E, F u. s. w. Normalen, mache auf ihnen $CK = A_1$; $DL = A_2$; $EM = A_3$; $FN = A_4$ u. s. w., und ziehe aus freier Hand durch die Puncte K, L, M, N u. s. w. eine stetig fortgehende Curve, so wird, wenn man $BP = x$ nimmt, die Normale PQ das zugehörige Reihenglied y nach dem für die Normalen gewählten Maaßstab angeben.

Beispiele. 1) Beim 50pfündigen Mörser hatte man im 45sten Grad 255 Schritt Wurfweite mit $\frac{3}{4}$ Pfd.

573	=	=	=	= $\frac{5}{4}$	=
853	=	=	=	= $\frac{7}{4}$	=
1187	=	=	=	= $\frac{9}{4}$	=

erreicht. Welche Ladung ist erforderlich, um 600 Schritt Wurfweite zu erhalten?

Hier ist $a_1 = 255$; $a_2 = 573$; $a_3 = 853$; $a_4 = 1187$; $A_1 = \frac{3}{4}$; $A_2 = \frac{5}{4}$; $A_3 = \frac{7}{4}$; $A_4 = \frac{9}{4}$; $x = 600$; folglich

$$y = -\frac{27 . 253 . 587}{318 . 598 . 932} \cdot \frac{3}{4} + \frac{345 . 253 . 587}{318 . 280 . 614} \cdot \frac{5}{4}$$
$$+ \frac{345 . \ 27 . 587}{598 . 280 . 334} \cdot \frac{7}{4} - \frac{345 . \ 27 . 253}{932 . 614 . 334} \cdot \frac{9}{4}$$

und man erhält hieraus 1 Pfd. $9\frac{1}{2}$ Loth.

2) Es sind 12pfündige eiserne Kanonenröhre von ein und derselben Länge proportionirt worden, deren Gewichte 18, 22, 27, 28 und 30 Centner betragen, und deren Eisenstärken in den einzelnen Theilen nach einem und demselben Verhältniß zunehmen. Diese Röhren, unter gleichen

Umständen gegossen, haben gegen die Berechnung einen Unterschied von beziehlich $1\frac{1}{4}$, $1\frac{1}{2}$, $1\frac{5}{8}$, $1\frac{7}{9}$ und 2 Centner minus Gewicht gezeigt. Welchen Unterschied wird die Interpolation bei einem Rohr von 24 Centner ergeben?

Hier ist $a_1 = 18$; $a_2 = 22$; $a_3 = 27$; $a_4 = 28$; $a_5 = 30$; ferner $A_1 = \frac{5}{4}$; $A_2 = \frac{3}{2}$; $A_3 = \frac{13}{8}$; $A_4 = \frac{16}{9}$; $A_5 = 2$; $x = 24$; und man erhält $y = 1\frac{3}{5}$ Centner.

3) Unter sonst gleichen Umständen habe bei einem Mörser der vorschriftsmäßige Spielraum

von 0,2 Zoll eine Wurfweite von 800 Schritt ergeben;
der von 0,3 „ „ „ „ „ 600 „
„ „ 0,4 „ „ „ „ „ 300 „
„ „ 0,6 „ „ „ „ „ 140 „

Man will aber nur eine Abweichung von minus 50 Schritt in der Wurfweite gegen die beim vorschriftsmäßigen Spielraum erhaltene gestatten. Welchen Spielraum wird die Interpolation als noch statthaft angeben?

Hier ist $a_1 = 800$; $a_2 = 600$; $a_3 = 300$; $a_4 = 140$; $x = 750$; $A_1 = 0{,}2$; $A_2 = 0{,}3$; $A_3 = 0{,}4$; $A_4 = 0{,}6$; und man erhält $y = 0{,}23932$, wofür 0,24 Zoll zu setzen sind.

Neuntes Kapitel.

Von den Kegelschnitten.

§. 55. **Erklärung.** Die Lage jeder Linie v, sie sei eine gerade oder eine krumme (eine **Curve**), gegen eine der Lage nach in derselben Ebene gegebenen geraden Linie a, ist bestimmt, wenn man die Entfernung jedes Punctes in v von a kennt. Jede solche Entfernung heißt **Ordinate**, und der zugehörige Abstand des Durchschnittspuncts der Ordinate mit a, von einem und demselben in a willkührlich angenommenen Punct b, heißt die zu dieser Ordinate gehörige Abscisse; die Linie a die Abscissenlinie, und der Punct b in ihr der Anfangspunct der Abscissen. Gewöhnlich denkt man sich die Ordinate normal auf die Abscissenlinie, zuweilen aber auch schief, jedoch durchaus alle unter einander parallel. Die Abscissen sollen in der Regel durch x, die zugehörigen Ordinaten durch y bezeichnet werden. Unter Coordinaten versteht man zusammengehörige Abscissen und Ordinaten.

Eine Gleichung zwischen x und y, welche also für jeden gewählten Werth von x den zugehörigen Werth von y bestimmt, heißt: die Gleichung der Linie v für die Abscissenlinie a. Die in einer solchen Gleichung vorkommenden Ausdrücke, welche unverändert denselben Werth bezeichnen, man mag für eine der Coordinaten welchen Werth man will annehmen, heißen die Parameter der Linie v. Diejenige Abscissenlinie a, zu welcher für jeden Werth von x zwei gleiche Ordinaten nach entgegengesetzten Richtungen gehören, heißt ein Durchmesser der Curve v, und dann insbesondere, die Achse der Curve v, wenn diese zu beiden Seiten von a einander gleichen Ordinaten, zu jeden Werth von x, normal auf a sind. Der Durchschnittspunct der Achse mit der Curve heißt Scheitelpunct. Kann man neben einer Curve, in derselben Ebene, eine gerade Linie so ziehen, daß sie sich derselben immer mehr nähert, ohne sie je zu schneiden, so heißt diese gerade Linie eine Asymptote der Curve. Ist GH (Fig. 5.) irgend eine Curve, AB die gewählte Abscissenlinie; CE in C eine Berührungslinie der Curve, verlängert bis zur Abscissenlinie in E; CF in C normal auf

EC ebenfalls verlängert bis zum Durchschnittspunct F mit AB; CD normal auf AB aus C, also die normale Ordinate für C, so heißt CE die Tangente, ED die Subtangente, CF die Normale, DF die Subnormale des Punctes C.

§. 56. Aufgabe. Eine gerade Linie v schneidet die gewählte Absciſſenlinie l unter dem Winkel α, die Länge der auf l im Anfangspunct b der Absciſſen errichtete Normale bis zu ihrem Durchschnittspunct mit v sei $= h$; man soll für normale Ordinaten die Gleichung zwischen Absciſſen x und Ordinaten y für v, in Beziehung auf l, herleiten.

Auflösung. Bei der in Fig. 6. versinnlichten Bedeutung der Zeichen erhält man sogleich für jeden Werth von x und den zugehörigen von y die Gleichung

$$y = h + x \,.\, \mathrm{Tg}\,\alpha,$$

woraus erhellet, daß die gerade Linie im Allgemeinen zwei Parameter hat, nemlich h und Tg α.

§. 57. Zusatz. Die beiden Parameter h und Tg α werden gewöhnlich durch a und b ausgedrückt, so daß also $y = a + bx$ die allgemeine Form der Gleichung für die gerade Linie ist.

Beispiele. 1) Die Gleichung sei $y = 3 + x$, so schneidet die zugehörige gerade Linie die Absciſſenlinie unter einem Winkel, dessen Tg gleich 1 ist, d. h. unter einem Winkel von 45 Grad und die Ordinate für den Anfangspunct der Absciſſen ist $= 3$; nach welchen Angaben die Lage der durch die Gleichung ausgedrückten geraden Linie gegen die gegebene oder willkührlich gewählte Absciſſenlinie sehr leicht durch eine Construction darzustellen ist.

2) Die Gleichung sei $y = -2 + \frac{5}{3} \cdot x$.

Hier ist $Tg\alpha = \frac{5}{3}$, also $\alpha = 59^\circ\, 2'$, und die Ordinate des Anfangspuncts der Abscissen $= -2$, wonach die Linie der Gleichung $y = -2 + \frac{5}{3}x$ sogleich aufgetragen werden kann.

§. 58. Aufgabe. Für den Kreis die Gleichung zwischen normalen Coordinaten in Beziehung auf irgend eine in seiner Ebene liegende Abscissenlinie herzuleiten.

Auflösung. Es sei (Fig. 7.) M der Mittelpunct des Kreises, sein Halbmesser $= r$, AG die Abscissenlinie, A der Anfangspunct der Abscissen x, MB normal auf AG, die Abscisse AB des Mittelpuncts $M = a$, die zugehörige Ordinate $BM = b$, $AC = x$ irgend eine Abscisse, und y bezeichne die zu x gehörigen Ordinaten des Kreises, also sowohl CD als CE (normal auf AG gedacht); man fälle MF normal auf CE, so ist $CF = BM = b$, also $EF = EC - b = FD = b - CD$ und $MF = BC = AB - AC = a - x$; ferner $ME^2 = FM^2 + EF^2$, so wie $MD^2 = FM^2 + FD^2$; oder $r^2 = (a-x)^2 + (EC-b)^2$, so wie $r^2 = (a-x)^2 + (b-CD)^2$; also, da $(a-b)^2 = (b-a)^2$ ist, für beide Bedeutungen von y; $r^2 = (a-x)^2 + (y-b)^2$, welches die verlangte Gleichung ist, so daß also der Kreis im Allgemeinen drei Parameter a, b und r hat.

Beispiel. 1) Für $a=10$; $b=4$; $r=6$; $x=8$ wird $y=9{,}656$ und auch $= -1{,}656$.

2) Für $a=10$; $b=0$; $r=4$; $x=6$ wird $y=0$.

§. 59. 1ster Zusatz. Für $x < a - r$, etwa $= a - r - e$, wird $y = b \pm \sqrt{-2re - e^2}$ also unmöglich.

Für $x > a + r$, etwa $x = a + r + e$, ebenfalls.

Für $y < b - r$ wird x imaginär.

Für $y > b + r$ ebenfalls.

Für $x = a - r$ ergiebt sich nur ein Werth für y, nemlich $y = b$.

Für $x = a + r$ ebenfalls.

Für $x = a$ erhält man den einen Werth von y gleich $b + r$ den andern $= b - r$.

§. 60. 2ter Zusatz. Für $a = r$ und $b = 0$ wird die Gleichung $r^2 = (r - x)^2 + y^2$, oder $y^2 = 2rx - x^2$, oder auch $x : y = y : 2r - x$, und sie bezieht sich auf einen Durchmesser als Abscissenlinie, den Anfangspunct der Abscissen in der Peripherie angenommen. Sie ist vollkommen dieselbe, welche schon (in §. 114. Geom. Erst. Bd. Fig. 40.) durch $CD^2 = AD . DB$ dargestellt wurde, wenn man $AD = x$; $DC = y$; $AB = 2r$ setzt.

Beispiele.

1) Ist $r = 10$; $x = 4$; so wird $y = \pm 8$.

2) Ist $r = 10$; $y = 8$; so wird $x = 16$ oder auch $= 4$.

3) Ist $x = 5$; $y = 12$; so wird $r = 16{,}9$.

§. 61. 3ter Zusatz. Um von der analytischen Weise der Behandlung, die in diesem Kapitel von vorzüglicher Anwendbarkeit ist, vorläufig eine Idee zu geben, soll beim Kreis von den vielen aus dem ersten Band schon bekannten Eigenschaften desselben, die der Lage jeder Tangente an denselben noch einmal vorgenommen, also die Aufgabe auf analytischen Weg aufgelöst werden: Für jeden gegebenen Punct der Peripherie eines Kreises die Lage der Tangente desselben gegen einen gegebenen Durchmesser zu bestimmen. Es sei M der Mittelpunct desselben (Fig. 8.), der Durchmesser $AC = 2r$, B der Punct der Peripherie, für welchen die Lage der Tangente gegen den Durchmesser verlangt wird, BD normal auf AC, BF die Lage der zu bestimmenden Tangente, $AF = w$, $\angle AFB = \alpha$. Man wähle AC als Abscissenlinie und A als Anfangspunct der Abscissen, sowohl für den gegebenen Kreis, als für die der Lage nach aufzusuchende Tangente FB, setze jede Abscisse $=x$, die zugehörige Ordinate des Kreises $=y$, die der geraden Linie FB, $=z$, die Parameter der letzteren $=a, b$, so ist die Gleichung für den Kreis $y^2=2rx-x^2$, die für die gerade Linie $z=a+bx$ (§. 57.) oder $z=w\,Tg\,\alpha + x\,Tg\,\alpha$ (§. 56.). Wird nun AD durch c bezeichnet, so ist für diese Abscisse c, $y^2=DB^2=2rc-c^2$ und $z=DB = w\,Tg\,\alpha + c\,Tg\,\alpha$, und folglich, da der Punct B der Peripherie und der Tangente gemeinschaftlich sein soll,

$$\text{(I)}\quad 2rc-c^2=[w\,Tg\,\alpha+c\,Tg\,\alpha]^2,$$

welche Gleichung die eine Bedingung ausspricht, der die Unbekannten w und α genügen müssen, daß die gerade Linie mit der Peripherie den Punct B gemeinschaftlich habe. Weil aber eine gerade Linie den Kreis in zwei Puncten schneiden kann, so fehlt noch die Bedingung, daß diese gesuchte Linie nur den einzigen Punct B mit der Peripherie gemein haben soll. Diese Bedingung verlangt, daß der Gleichung (I) nur ein einziger Werth für c entspreche. Es wird aber aus (I)

$$c=r\,Cos\,\alpha^2-w\,Sin\,\alpha^2\pm\sqrt{[r\,Cos\,\alpha^2-w\,Sin\,\alpha^2]^2-w^2\,Sin\,\alpha^2}$$

und folglich muß, damit c nur einen Werth erhalte,

$$\text{(II)}\quad [r\,Cos\,\alpha^2-w\,Sin\,\alpha^2]^2-w^2\,Sin\,\alpha^2=0$$

werden; dann entspringt aus (I) nur der eine Werth für c, nemlich

$$\text{(III)}\quad c=r\,Cos\,\alpha^2-w\,Sin\,\alpha^2.$$

Diese beiden Gleichungen (II) und (III) bestimmen nun w und α, so daß FB Tangente des Punctes B wird. Man erhält aus ihnen $Sin\,\alpha=\frac{r-c}{r}$ und $w=\frac{rc}{r-c}$, welche

Re-

Resultate freilich in diesem Fall auf synthetischen Weg viel leichter folgendergestalt sich ergeben: man denke sich den Halbmesser MB, so muß $\angle MBF = R$ sein, und also ist (nach §. 83. Geom. Erst. Bd.) $FD : DB = DB : DM$, daher $FD = \frac{DB^2}{DM} = \frac{c(2r-c)}{r-c} = w + c$; also $w = \frac{rc}{r-c}$;

ferner $FM . \text{Sin}\,\alpha = MB$; also $\text{Sin}\,\alpha = \frac{r}{r+w} = \frac{r-c}{r}$.

§. 62. Anmerkung 1. Da die Art und Weise zu urtheilen, welche im vor. §. in Beziehung darauf, daß einer quadratischen Gleichung nur ein Werth genügen könne, in Anwendung kam, öfters vorkommt, so folge sie hier allgemein. Wenn aus der Natur der Aufgabe, welche eine Gleichung von folgender Form liefert: $ax^2 + bx + c = 0$, hervorgeht, daß ihr nur ein Werth für x Genüge leisten kann oder soll, so muß zwischen den Coefficienten a, b, c, folgende Relation $b^2 = 4ac$ statt finden, denn entwickelt man x, so folgt $x = \frac{-b \pm \sqrt{b^2 - 4ac}}{2a}$, und da diese Formel nicht zwei, sondern nur einen Werth darstellen soll, so muß $b^2 - 4ac = 0$, also $b^2 = 4ac$ sein; der eine Werth für x ist dann $= -\frac{b}{2a}$.

Anmerkung 2. Weiß man aus der Natur der Aufgabe, welche eine Gleichung von der Form $ax^2 + bx + c = 0$ liefert, daß ihr zwar zwei Werthe für x genügen können oder sollen, aber zwei gleiche entgegengesetzte Werthe, so muß die Gleichung eine reine quadratische, d. h. es muß $b = 0$ sein, und die beiden gleichen entgegengesetzten Werthe für x sind dann, der eine $+\sqrt{-\frac{c}{a}}$, der andere $-\sqrt{-\frac{c}{a}}$.

§. 63. Erklärung. Legt man durch die Achse AB eines Kegels (der einfacheren Darstellung wegen, ist ein normaler Kegel gewählt, so daß die Achse zugleich die Höhe ist) (Fig. 9.) eine Ebene, welche also ein gleichschenkligtes Dreieck ACD darstellt, wählt in einem der Schenkel, etwa in AD, einen Punct E beliebig, zieht in der Ebene des Dreiecks durch E, ebenfalls in beliebiger Richtung, eine gerade Linie EF, und denkt sich durch EF eine auf die Ebene des Dreiecks ACD normale, den Kegel durchschneidende und von ihm begrenzte Ebene EGH, so heißt diese Ebene sowohl, als die Curve HEG, welche sie begrenzt, ein Kegelschnitt. Wählt man die Lage der Linie EF so, daß EF parallel mit DC wird, so ist der Kegelschnitt ein Kreis (§. 218. Erst. Bd. Geom.); wird EF parallel mit AC genommen, so daß $\angle$ DEF $=$ DAC wird, so wird der Kegelschnitt insbesondere eine Parabel genannt; nimmt man EF in einer solchen Lage, daß $\angle$DEF $>$ DAC ist, so heißt der Kegelschnitt eine Ellipse; und ist die Lage von EF so gewählt, daß $\angle$ DEF $<$ DAC wird, so nennt man den Kegelschnitt eine Hyperbel.

§. 64. Aufgabe. Die Form eines normalen Kegels ist gegeben, und zwar durch den Winkel α, welchen seine Achse mit jeder der Seiten bildet; der Punct E (Fig. 9.) sei ebenfalls durch AE $=$ h bestimmt angenommen, so wie der Winkel DEF durch β; man soll für den zu h und β gehörigen Kegelschnitt in diesen Kegel die Gleichung zwischen normalen Coordinaten x, y bilden, bei der Feststellung, daß EF die Abscissenlinie und E der Anfangspunct der Abscissen x sei.

Auflösung. Es ist nach der Voraussetzung AB normal auf der Kreis-Ebene CHDG, also auch auf jeder mit ihr parallelen Ebene (§. 198. Erst. Bd. Geom.); folglich ist auch die Ebene ACD auf diesen Kreis-Ebenen normal (§. 183. Erst. Bd. Geom.); da nun auch die Ebene EGH auf der ACD normal ist (§. 63.), so folgt, daß die Linie GH auch auf ACD normal sein muß (§. 206. Erst. Bd. Geom.), und also steht auch GH auf den Durchmesser CD der Kreisebene und auch auf FE normal, woraus folgt, daß auch GF = FH ist, und diese Schlüsse gelten nicht bloß für die Kreis-Ebenen CHDG, sondern für jede mit ihr parallele, den Kegelschnitt durchschneidende Kreis-Ebene. Es ist daher EF die Achse des Kegelschnitts (§. 55.) und E der Scheitelpunct desselben (§. 55.); ferner ist $FH^2 = FG^2 = DF \,.\, FC$ (§. 60.). Da nun aber $EF : DF = \text{Sin}\, ADC : \text{Sin}\, DEF = \text{Cos}\,\alpha : \text{Sin}\,\beta$; also $DF = EF \,.\, \frac{\text{Sin}\,\beta}{\text{Cos}\,\alpha}$ ist; und, $EI \mathrel{\#} DC$, $FK \mathrel{\#} CA$ gedacht, $CF = IK = IE - EK$, aber $IE = 2.AE.\text{Sin}\,\alpha = 2h\,\text{Sin}\,\alpha$; und $EF : EK = \text{Sin}\, EKF : \text{Sin}\, EFK = \text{Sin}\, EIA : \text{Sin}\, FEL$ (wenn $EL \mathrel{\#} AC$ gedacht wird) $= \text{Cos}\,\alpha : \text{Sin}\,(\beta - 2\alpha)$; also $EK = \frac{EF\,\text{Sin}\,(\beta-2\alpha)}{\text{Cos}\,\alpha}$, folglich $CF = 2h\,\text{Sin}\,\alpha - \frac{EF\,\text{Sin}\,(\beta-2\alpha)}{\text{Cos}\,\alpha}$ ist, so hat man, wenn diese Werthe für DF und FC in die Gleichung $FH^2 = FG^2 = DF \,.\, FC$ substituirt werden,

$$FH^2 = FG^2 = \frac{2h\,\text{Sin}\,\alpha\,\text{Sin}\,\beta}{\text{Cos}\,\alpha} \,.\, EF - \frac{\text{Sin}\,\beta\,\text{Sin}\,(\beta-2\alpha)}{\text{Cos}\,\alpha^2} \,.\, EF^2.$$

Weil nun diese Gleichung für jede auf AB normale, den Kegel und den Kegelschnitt durchschneidende Kreis-Ebene gültig ist, so ist also auch für jede Abscisse $x = EF$ und die beiden gleichen zugehörigen normalen Ordinaten $y = FH = FG$ allemal

$$y^2 = \frac{2\,h\,\text{Sin}\,\alpha\,\text{Sin}\,\beta}{\text{Cos}\,\alpha} \,.\, x - \frac{\text{Sin}\,\beta\,\text{Sin}\,(\beta - 2\,\alpha)}{\text{Cos}\,\alpha^2} \,.\, x^2.$$

§. 65. Zusatz. 1) Ist $\beta = R + \alpha$; d. h. fällt EF in EI, so wird der Kegelschnitt ein Kreis und die Gleichung verwandelt sich in

$$y^2 = 2h \operatorname{Sin} \alpha . x - x^2 = EI . x - x^2 \text{ (§. 60.).}$$

2) Ist $\beta = 2\alpha$; so wird der Kegelschuitt eine Parabel (§. 63.) und die Gleichung geht über in

$$y^2 = 4h \operatorname{Sin} \alpha^2 . x,$$

oder, den Parameter $4h \operatorname{Sin} \alpha^2$ durch a ausgedrückt, in

$$y^2 = a . x.$$

3) Ist $\beta > 2\alpha$ aber nicht $= R + \alpha$; so ist der Kegelschnitt eine Ellipse und die Gleichung derselben also

$$y^2 = \frac{2h \operatorname{Sin} \alpha \operatorname{Sin} \beta}{\operatorname{Cos} \alpha} . x - \frac{\operatorname{Sin} \beta \operatorname{Sin} (\beta - 2\alpha)}{\operatorname{Cos} \alpha^2} . x^2;$$

oder, den Parameter $\frac{2h \operatorname{Sin} \alpha \operatorname{Sin} \beta}{\operatorname{Cos} \alpha}$ durch A, den $\frac{\operatorname{Sin} \beta \operatorname{Sin}(\beta - 2\alpha)}{\operatorname{Cos} \alpha^2}$ durch B ausgedrückt,

$$y^2 = A x - B x^2.$$

4) Ist $\beta < 2\alpha$; so ist der Kegelschnitt eine Hyperbel, und die Gleichung für dieselbe

$$y^2 = \frac{2h \operatorname{Sin} \alpha \operatorname{Sin} \beta}{\operatorname{Cos} \alpha} . x + \frac{\operatorname{Sin} \beta \operatorname{Sin} (2\alpha - \beta)}{\operatorname{Cos} \alpha^2} . x^2;$$

oder, den Parameter $\frac{2h \operatorname{Sin} \alpha \operatorname{Sin} \beta}{\operatorname{Cos} \alpha}$ durch A, den $\frac{\operatorname{Sin} \beta \operatorname{Sin}(2\alpha - \beta)}{\operatorname{Cos} \alpha^2}$ durch D ausgedrückt,

$$y^2 = A x + D . x^2,$$

in welchen Gleichungen die Buchstaben a, A, B, D, der Natur des Gegenstandes entsprechend, nur positive Werthe haben können.

§. 66. Aufgabe. I. Aus einem normalen Kegel, dessen Achse mit jeder Seite den Winkel α bildet, eine Parabel zu schneiden, deren Parameter $= a$ ist.

Auflösung. Aus der Gleichung $4h \operatorname{Sin} \alpha^2 = a$ erhält man $h = \frac{a}{4 \operatorname{Sin} \alpha^2}$.

Beispiel. Ist $a = 10$; $\alpha = 30°$; so wird $h = 10$.

II. Aus einem Kegel zum Winkel α die Ellipse zu schneiden, deren Gleichung $y^2 = Ax - Bx^2$ wird.

Auflösung. Aus den beiden Gleichungen

$$A = \frac{2h \operatorname{Sin}\alpha \operatorname{Sin}\beta}{\operatorname{Cos}\alpha} \text{ und } B = \frac{\operatorname{Sin}\beta \operatorname{Sin}(\beta - 2\alpha)}{\operatorname{Cos}\alpha^2}$$

entwickle man h und β. Die 2te Gleichung wird $B \operatorname{Cos}\alpha^2 = \operatorname{Sin}\beta^2 \operatorname{Cos} 2\alpha - \operatorname{Sin}\beta \operatorname{Cos}\beta \operatorname{Sin} 2\alpha$, oder, weil $\operatorname{Cos} 2\beta = 1 - 2\operatorname{Sin}\beta^2$ und $\operatorname{Sin} 2\beta = 2\operatorname{Sin}\beta \operatorname{Cos}\beta$ ist, $2B \operatorname{Cos}\alpha^2 = (1 - \operatorname{Cos} 2\beta) \operatorname{Cos} 2\alpha - \operatorname{Sin} 2\beta \operatorname{Sin} 2\alpha = \operatorname{Cos} 2\alpha - \operatorname{Cos}(2\beta - 2\alpha)$, und hieraus folgt $\operatorname{Cos}(2\beta - 2\alpha) = \operatorname{Cos} 2\alpha - 2B \operatorname{Cos}\alpha^2$, woraus sich β ergiebt; ist β gefunden, so folgt dann aus der ersten Gleichung $h = \frac{A}{2 \operatorname{Tg}\alpha \operatorname{Sin}\beta}$.

Beispiel. Ist $\alpha = 40°$; $A = 5$; $B = \frac{2}{3}$ gegeben, so wird $\operatorname{Cos}(2\beta - 80°) = \operatorname{Cos} 80° - \frac{4}{3} . \operatorname{Cos} 40^2 = 0{,}1736482 - 0{,}7824321 = -0{,}6087839$ und zu der Zahl 0,6087839 als Cosinus gehört der Winkel von beinahe 52° 30′, daher ist $2\beta - 80°$ entweder $= 180° - 52° 30'$, oder auch $= 180° + 52° 30'$, und also $\beta = 103° 45'$, so wie auch $\beta = 156° 15'$; zum ersten Werth wird

$$h = \frac{5}{2 . \operatorname{Tg} 40° . \operatorname{Sin} 103° 45'} = 3{,}067285;$$ und zum zweiten

$$h = \frac{5}{2 \operatorname{Tg} 40° \operatorname{Sin} 156° 15'} = 7{,}397663.$$

III. Aus einem Kegel zum Winkel α die Hyperbel zu schneiden, deren Gleichung $y^2 = Ax + Dx^2$ wird.

Auflösung. Sie ist wie die in II.

Des neunten Kapitels
erste Abtheilung.
Von der Parabel insbesondere.

§. 67. Aufgabe. Es sei ABC (Fig. 10.) eine Parabel, B ihr Scheitelpunct, BD ihre Achse, E irgend ein Punct der parabolischen Linie, und für diesen Punct E sei EF die Tangente, FG die Subtangente, EH die Normale, GH die Subnormale (§. 55.). Man soll durch den gegebenen Parameter a dieser Parabel und durch die Abscisse $BG = b$ dieses Punctes E die Tg., Subt., Norm. und Subn. zu E ausdrücken.

Auflösung. Bezeichnet x jede Abscisse aus B auf BD genommen, y die zugehörige normale Ordinate, so ist $y^2 = ax$ (§. 65.), ist ferner für die zu bestimmende Lage der Tangente FE, in Beziehung auf dieselbe Abscissenlinie BD und denselben Anfangspunct B der Abscissen, die Gleichung dieser geraden Linie FE; $z = n + px$, unter x die Abscissen, und unter z die normalen Ordinaten verstanden, so ist: den zu bestimmenden Abstand $BF = w$, und den zu bestimmenden Winkel $GFE = \alpha$ gesetzt (nach §. 56. und 57.), $n = w \operatorname{Tg} \alpha$ und $p = \operatorname{Tg} \alpha$; also $z = w \operatorname{Tg} \alpha + x \operatorname{Tg} \alpha$; folglich für $x = BG = b$, d. h. für den Punct E, als Punct der Parabel $GE^2 = a.b$, und als Punct der geraden Linie $GE = w \operatorname{Tg} \alpha + b \operatorname{Tg} \alpha$; also, weil dieser Punct beiden gemeinschaftlich sein soll $[w \operatorname{Tg} \alpha + b \operatorname{Tg} \alpha]^2 = a.b$. Es soll aber dieser Punct E der einzige gemeinschaftliche Punct der Parabel und geraden Linie sein, und also muß diese Gleichung, welche auch folgendergestalt zu schreiben ist,

$$b^2 \operatorname{Tg} \alpha^2 - [a - 2w \operatorname{Tg} \alpha^2].b + w^2 \operatorname{Tg} \alpha^2 = 0,$$

für b nur einen einzigen Werth liefern können, d. h. es muß (nach §. 62.) $[a - 2w\,Tg\,\alpha^2]^2 = 4.Tg\,\alpha^2 . w^2 Tg\,\alpha^2$, und $b = \frac{a - 2w\,Tg\,\alpha^2}{2\,Tg\,\alpha^2}$ sein, wenn FE in E Berührungslinie werden soll. Aus diesen beiden letzten Gleichungen folgen sogleich die beiden: $a - 2w\,Tg\,\alpha^2 = 2w\,Tg\,\alpha^2$ und $b = \frac{2w\,Tg\,\alpha^2}{2\,Tg\,\alpha^2}$; also $b = w$ und $Tg\,\alpha = \sqrt{\frac{a}{4b}}$; oder EG durch h bezeichnet, weil dann $h^2 = ab$, also $\frac{a}{4b} = \frac{h^2}{4b^2}$ ist; $b = w$ und $Tg\,\alpha = \frac{h}{2b}$. Es ist demnach $FG = w + b = 2b$, und man hat daher für jede Abscisse x und zugehörige Ordinate y

$$\text{(I)}\quad \text{Subt} = 2x;$$

also nach dem pythag. Lehrsatz,

$$\text{(II)}\quad \text{Tang} = \sqrt{(2x^2) + y^2} = \sqrt{4x^2 + ax}.$$

Aus $FG : GE = GE : GH$ oder $2x : y = y : \text{Subn}$ folgt nun sogleich $\text{Subn} = \frac{y^2}{2x} = \frac{ax}{2x}$; oder

$$\text{(III)}\quad \text{Subn} = \frac{a}{2},$$ und dann, aus

$$EH^2 = EG^2 + GH^2 = y^2 + \left(\frac{a}{2}\right)^2,$$

$$\text{(IV)}\quad \text{Norm} = \sqrt{ax + \frac{a^2}{4}}.$$

§. 68. Lehrsatz. Jede mit der Achse der Parabel, in ihrer Ebene parallele Linie ist ein Durchmesser (§. 55.) der Parabel, d. h. für jede solche Linie giebt es einen Coordinaten-Winkel, zu welchem für jede Abscisse auf so einer Linie gleiche entgegengesetzt liegende Ordinaten gehören.

Beweis. Es sei EK ∦ mit der Achse BD (Fig. 10.) der Parabel ABC; EG normal auf BD; $BG = b$; der Parameter der Parabel $= a$, $EL = u$ beliebig auf EK, von E aus, abgeschnitten; MN eine durch L gelegte Sehne der Parabel, unter den Winkel MLK $= \mu$; LM $= z$; MP normal auf BD, also auch auf EK, so ist $EG^2 = a.b$, also auch $PQ^2 = ab$; daher $PQ = \sqrt{ab}$; ferner MQ $= z \operatorname{Sin} \mu$; also $MP = \sqrt{ab} + z \operatorname{Sin} \mu$; dann $EL = u$; $LQ = z \operatorname{Cos} \mu$; folglich $EQ = u + z \operatorname{Cos} \mu$; also auch GP $= u + z \operatorname{Cos} \mu$; und daher $BP = BG + GP = b + u + z \operatorname{Cos} \mu$. Es ist aber $MP^2 = a . BP$ (§. 65.), also, wenn man die Werthe substituirt, $[\sqrt{ab} + z \operatorname{Sin} \mu]^2 = a . [b + u + z \operatorname{Cos} \mu]$, oder $\operatorname{Sin} \mu^2 . z^2 + [2\sqrt{ab} . \operatorname{Sin} \mu - a \operatorname{Cos} \mu] z - au = 0$.

Nun wird aber behauptet, daß es für jeden Werth von u einen bestimmten bleibenden Winkel μ giebt, für welchen diese Gleichung zwei gleiche, aber entgegengesetzte Werthe für z liefert, d. h. für welchen diese Gleichung eine reine quadratische ist, und die Wahrheit dieser Behauptung wird also dann als begründet erscheinen, wenn (nach §. 62. 2te Anmerk.) die Gleichung $2\sqrt{ab} \operatorname{Sin} \mu - a \operatorname{Cos} \mu = 0$ immer einen Werth für μ liefert; es entspringt aber aus ihr $\operatorname{Tg} \mu = \frac{a}{2\sqrt{ab}} = \sqrt{\frac{a}{4b}}$, und hierzu gehört allemal ein Winkel, welche Werthe auch a und b haben mögen. Für den aus der Gleichung $\operatorname{Tg} \mu = \sqrt{\frac{a}{4b}}$ sich ergebenden Werth von μ, ist also dann $\operatorname{Sin} \mu^2 . z^2 - au = 0$; also $z^2 = \frac{au}{\operatorname{Sin} \mu^2}$; und daher $LM = + \sqrt{\frac{au}{\operatorname{Sin} \mu^2}}$; $LN = - \sqrt{\frac{au}{\operatorname{Sin} \mu^2}}$; oder auch $LM = + \sqrt{(a + 4b) u}$; $LN = - \sqrt{(a + 4b) u}$.

§. 69. Zusatz. In §. 67. war $\operatorname{Tg} \alpha = \sqrt{\frac{a}{4b}}$; in §. 68, $\operatorname{Tg} \mu = \sqrt{\frac{a}{4b}}$, und hieraus folgt $\mu = \alpha$; d. h.

wenn man in irgend einem Punct E der parabolischen Linie, eine Tangente EF, und eine mit der Achse parallele Linie EK construirt, so wird jede mit der Tangente parallele, die Linie EK durchschneidende Sehne NM, von EK halbirt, und die Gleichung zwischen Abscissen $EL = u$ auf dem Durchmesser EK und den zugehörigen entgegengesetzt liegenden gleichen Ordinaten $LM = LN = z$ unter dem Coordinaten-Winkel α ist $z^2 = \frac{a}{\sin\alpha^2} . u$.

§. 70. Aufgabe. Es sei CAD (Fig. 11.) eine Parabel, A ihr Scheitelpunct, AB ihre Achse, a ihr Achsenparameter, CD durch B, normal auf AB, also $AB = b$ gesetzt, $CB^2 = BD^2 = a . b$, CE die Tangente in C, verlängert bis zum Durchschnittspunct E, mit der Richtung der Achse, so daß also $AE = AB = b$ (§. 67.) und $Tg\,BEC = \frac{CB}{BE} = \frac{\sqrt{ab}}{2b} = \sqrt{\frac{a}{4b}}$ (§. 67.), oder auch, CB $= BD$ durch h und $\angle CEB$ durch α bezeichnet, $Tg\,\alpha = \frac{h}{2b}$ (§. 67.) ist. Man soll zwei Coordinaten-Gleichungen für diese Parabel bilden:

I. Für Abscissen u auf der Tangente CE, C als Anfangspunct derselben angenommen, und Ordinaten z parallel mit der Achse, so daß also α der Coordinaten-Winkel wird.

II. Für Abscissen x auf CD, C als Anfangspunct gewählt, und Ordinaten y parallel mit der Achse, so daß also der Coordinaten-Winkel ein rechter ist.

Auflösung. I. Es sei $CF = u$; $FG (\mp EB) = z$; man verlängere FG bis L in CB; und fälle GN normal auf AB; so wird $GN = LB = CB - CL = h - u \operatorname{Sin}\alpha$; und $AN = AB - BN = AB - GL = AB - (FL - FG) = AB - FL + FG = b - u \operatorname{Cos}\alpha + z$. Es ist aber $GN^2 = a . AN$; also, die Werthe für GN und AN substituirt, $[h - u \operatorname{Sin}\alpha]^2 = a . [b - u \operatorname{Cos}\alpha + z]$ oder, da $h^2 = ab$ ist, $-2hu \operatorname{Sin}\alpha + u^2 \operatorname{Sin}\alpha^2 = -au \operatorname{Cos}\alpha + az$; oder auch

$$u^2 \operatorname{Sin}\alpha^2 = [2h \operatorname{Sin}\alpha - a \operatorname{Cos}\alpha] u + az$$
$$= [2h \operatorname{tg}\alpha - a] u \operatorname{Cos}\alpha + az;$$
$$= \left[\frac{h^2}{b} - a\right] u \operatorname{Cos}\alpha + az = \frac{h^2 - ab}{b} u \operatorname{Cos}\alpha + az;$$

also, da $h^2 = ab$ ist, $u^2 \operatorname{Sin}\alpha^2 = az$; folglich

$$z = \frac{\operatorname{Sin}\alpha^2}{a} . u^2 = \frac{b}{4b^2 + h^2} . u^2.$$

II. Wird $CL = x$; $LG = y$ gesetzt, so ist $GN = h - x$; $AN = b - y$; also $[h - x]^2 = a . [b - y]$ oder $-2hx + x^2 = -ay$; folglich $y = \frac{2h}{a} x - \frac{x^2}{a} = \frac{2b}{h} x - \frac{b}{h^2} x^2$; oder auch $y = x \operatorname{Cotg}\alpha - \frac{\operatorname{Cotg}\alpha}{2h} x^2 = x \operatorname{Cotg}\alpha - \frac{\operatorname{Cotg}\alpha^2}{4b} . x^2$.

§. 71. Lehrsatz. Ist BE (Fig. 12.) eine Parabel, B ihr Scheitelpunct, BD ihre Achse; EFP die Tangente in E, also, EG normal auf BD genommen, $FB = BG$ (§. 67.); $EK \mathbin{\#} BD$; EH die normale in E, also $GH = \text{Subn} = \frac{a}{2}$ (§. 67.), wenn a den Parameter dieser Parabel bezeichnet, so ist, wenn $BA = \frac{a}{4}$ genommen und die gerade Linie AE gezogen wird, für jede Stelle, wo E in der parabolischen Linie gewählt werden mag, $\angle KEP = AEF$.

Beweis. Wird die Abscisse BG durch x, die zugehörige Achsen-Ordinate GE durch y bezeichnet, so ist $AE^2 = AG^2 + GE^2 = \left[x - \frac{a}{4}\right]^2 + y^2 = x^2 - \frac{ax}{2} + \left[\frac{a}{4}\right]^2 + ax = x^2 + \frac{ax}{2} + \left[\frac{a}{4}\right]^2 = \left[x + \frac{a}{4}\right]^2$; also $AE = x + \frac{a}{4}$. Es ist aber auch $AH = AG + GH = x - \frac{a}{4} + \frac{a}{2} = x + \frac{a}{4}$; folglich $AE = AH$; also auch $\angle AHE = AEH$; daher, weil $AHE = KEH$ ist, $\angle KEH = AEH$, und demnach sind also auch ihre Complements-Winkel KEP und AEF einander gleich.

§. 72. Zusatz. Macht man $BC = BA = \frac{a}{4}$, zieht CL normal auf FD und verlängert KE bis L in CL, so wird $EL = CG = CB + BG = \frac{a}{4} + x$; folglich (§. 71.) $EL = EA = AH$.

§. 73. Erklärungen. Wegen der in §. 71. bewiesenen Eigenschaft des Punctes A, daß $\angle KEP = AEF$ ist, nennt man A den Brennpunct, und jede Linie wie AE einen Brennstrahl. Ferner wird CL (§. 72.) die Richtungslinie der Parabel genannt. Für die normale Achsen-Ordinate in A erhält man leicht, daß sie $= \frac{a}{2}$ ist, und folglich ist die Sehne der Parabel, welche durch den Brennpunct A die Achse normal schneidet, dem Parameter a gleich.

§. 74. Zusatz. Die Richtungslinie giebt ein leichtes Mittel an die Hand, zu jedem gegebenen Parameter a die Parabel so weit durch Construction darzustellen, als sie einer bestimmten Abscisse b auf der Achse zugehört. Ist nemlich A (Fig. 13.) der gewählte oder bestimmte Scheitelpunct, $AB = b$ die bestimmte Abscisse der zu zeichnenden, dem gegebenen Parameter a zugehörigen Parabel, so mache man $AD = AC = \frac{a}{4}$, ziehe CF normal auf CB, nehme dann einen Faden von der Länge $b + \frac{a}{4}$, befestige den einen Endpunct in D und den andern am Ende G des

Schenkels HG $= b + \frac{a}{4}$ eines sogenannten Winkelmaaßes (körperlichen rechten Winkel) GHK, spanne den Faden vermittelst einer Bleifeder so an, daß die Bleifeder sich im Schenkel HG befindet, und bewege so das Winkelmaaß mit seinem andern Schenkel HK an der Richtungslinie CF fort, so beschreibt die Bleifeder den einen Ast der Parabel zum Parameter a; denn ist die Bleifeder jetzt in M, so ist $DM + MG = b + \frac{a}{4}$; also, da auch $HM + MG = b + \frac{a}{4}$ ist, $HM = DM$; und daher ist nach §. 72. M ein Punct der parabolischen Linie, A ihr Scheitelpunct und D ihr Brennpunct.

§. 75. **Lehrsatz.** Der Inhalt jedes parabolischen Abschnitts ist gleich $\frac{2}{3}$ des Parallelogramms, welches die den Abschnitt begrenzende Sehne zur einen Seite, den dieser Sehne zugehörigen und von ihr begrenzten Theil des Durchmessers zur andern Seite, und den zugehörigen Coordinaten-Winkel als eingeschlossenen Winkel hat.

Beweis. Ist (Fig. 14.) BD der Durchmesser der Parabel, welcher die Sehne AC in D halbirt, also die durch B mit AC parallele Linie GBE, die Tangente der Parabel in B (§. 69.), ferner AG und CE parallel mit DB, so wird behauptet, daß der parabolische Abschnitt ABC gleich $\frac{2}{3}$ des Parallelogramms AGEC sei. Es bezeichne a den Achsenparameter, b die Abscisse BD, α den Coordinaten-Winkel BAD, h die Ordinate $DC = DA$, u jede Abscisse aus B auf BD, z die zugehörige Ordinate unter dem Coordinaten-Winkel α, so ist $z^2 = \frac{a}{\operatorname{Sin}\alpha^2} \cdot u$ (§. 69.), also $u = \frac{\operatorname{Sin}\alpha^2}{a} \cdot z^2$. Man nehme die Abscissen auf BE von B aus, die zugehörigen Ordinaten der Para=

bel parallel mit BD, bezeichne als gegenüberliegende Seiten von Parallelogrammen jene mit z, diese mit u, so bleibt obige Gleichung $u = \frac{\sin\alpha^2}{a} . z^2$, und es ist, wenn man sich BE in n gleiche Theile e getheilt, und in der Mitte jedes Theils eine Ordinate u denkt, die erste derselben $= \frac{\sin\alpha^2}{a} . \left[\frac{e}{2}\right]^2$; die zweite $= \frac{\sin\alpha^2}{a} . \left[\frac{3e}{2}\right]^2$; die dritte $= \frac{\sin\alpha^2}{a} . \left[\frac{5e}{2}\right]^2$ u. s. w., und die nte oder letzte $= \frac{\sin\alpha^2}{a} . \left[\frac{(2n-1)e}{2}\right]^2$. Denkt man sich nun n unendlich groß, also e unendlich klein, so die Ebene von B bis zu der Ordinate, welche der Abscisse e zugehört, als ein Dreieck zu betrachten, und der Inhalt desselben, also $= e . \frac{\sin\alpha^2}{a} . \left[\frac{e}{2}\right]^2 \sin\alpha$; ferner ist die Ebene zwischen dieser ersten und der zweiten Ordinate, zur Abscisse 2e gehörig, als ein Trapez anzusehen, dessen Höhe $= e \sin\alpha$ ist, und für welches das arithmetische Mittel der parallelen Seiten $= \frac{\sin\alpha^2}{a} . \left[\frac{3e}{2}\right]^2$, der Inhalt also $= e \sin\alpha . \frac{\sin\alpha^2}{a} . \left[\frac{3e}{2}\right]^2$ ist. Eben so erhält man den Inhalt des dritten Streifens $= e \sin\alpha . \frac{\sin\alpha^2}{a} . \left[\frac{5e}{2}\right]^2$ u. s. w., und endlich den des nten oder letzten Streifens $= e \sin\alpha . \frac{\sin\alpha^2}{a} . \left[\frac{(2n-1)e}{2}\right]^2$; also den Inhalt der ganzen Ebene BEC = der Summe der Inhalte aller dieser Streifen, d. h. $= \frac{e^3 \sin\alpha^3}{4a} . [1 + 3^2 + 5^2 + \ldots + (2n-1)^2]$. Nach (§. 195. Arithm. Erst. Bd.) ist aber $1 + 3^2 + 5^2 + \ldots + [2n-1]^2 = n . 1 + n_2 . 8 + n_3 . 8 = \frac{n(4n^2-1)}{3}$; also die Ebene BEC $= \frac{e^3 \sin\alpha^3}{4a} . \frac{n(4n^2-1)}{3}$;

oder, da $ne=h$ ist, Ebene $BEC = \frac{h^3 Sin\alpha^3}{4a} \cdot \frac{4n^2-1}{3n^2} = \frac{h^3 Sin\alpha^3}{12a} \cdot \left[4 - \frac{1}{n^2}\right]$; folglich, weil n unendlich groß, also $\frac{1}{n^2}$ gleich Null ist, Ebene $BEC = \frac{h^3 Sin\alpha^3}{3a}$. Es ist aber b für u und h für z, in die allgemeine Gleichung $u = \frac{Sin\alpha^2}{a} \cdot z^2$ geschrieben, $b = \frac{Sin\alpha^2}{a} \cdot h^2$; also $h^2 Sin\alpha^2 = ab$, folglich die Eben $BEC = \frac{a\,b\,h\,Sin\alpha}{3a} = \frac{1}{3} b\,h\,Sin\alpha$, und also die $BDC = b\,h\,Sin\alpha - \frac{1}{3} b\,h\,Sin\alpha = \frac{2}{3} b\,h\,Sin\alpha$; demnach Ebene $ABC = 2.\frac{2}{3} b\,h\,Sin\alpha = \frac{2}{3}.AC.BD.Sin BDA = \frac{2}{3}$ des Parallelogramms AGEC.

§. 76. **Lehrsatz.** Der Inhalt des parabolischen Konoids, erzeugt durch Umdrehung der parabolischen Ebene um die Achse, ist gleich der Hälfte des zugehörigen Cylinders.

Beweis. Ist A (Fig. 15.) der Scheitelpunct der Parabel zum Parameter a, $AB = b$ ein Stück ihrer Achse, die zugehörigen normalen Coordinaten BC, BD jede $= h$, und es dreht sich die Ebene $ABD = \frac{2}{3} b\,h$ (§. 75.) um AB ganz herum, so wird behauptet, daß der entstehende Körper gleich $\frac{1}{2}$ des zugehörigen Cylinders, d. h. des Cylinders sei, dessen Grund-Ebene $BD^2 \pi = h^2 \pi$, und dessen Höhe $= AC = b$ ist. Man denke sich $AB = b$ in n gleiche Theile AE, EF, FG u. s. w. QB, jeden $= e$, eingetheilt, so daß also $n.e = b$ ist, und in der Mitte jedes Theils die normale Ordinate, welche nach der Folge $= \alpha, \beta, \gamma \ldots \varphi$ sein mögen, errichtet, so ist $\alpha^2 = a.\frac{e}{2}$; $\beta^2 = a.\frac{3e}{2}$; $\gamma^2 = a.\frac{5e}{2}$ u. s. w. $\varphi^2 = a.\frac{(2n-1)e}{2}$. Ist nun n unendlich groß, also e unendlich klein, so kann man die Inhalte der Körper, welche AEK, KEFL, LFGN u. s. w. PQBD bei der Umdrehung um AB beschreiben, durch $\alpha^2\pi.e$; $\beta^2\pi.e$; $\gamma^2\pi.e$ u. s. w. $\varphi^2\pi.e$ ausdrücken, und erhält den Inhalt des ganzen Körpers, von der Ebene ABD bei der ganzen Umdrehung um AB beschrieben,

$$= \pi e[\alpha^2 + \beta^2 + \gamma^2 + \ldots + \varphi^2]$$

$$= \pi . e . \frac{ae}{2} . [1 + 3 + 5 + \ldots + 2n - 1]$$

$$= \frac{\pi a e^2}{2} . n^2 \text{ (§. 191. Arithm. I. Bd.)} = \frac{\pi a (ne)^2}{2}$$

$$= \frac{\pi a . b^2}{2} = \frac{\pi b . ab}{2} = \frac{\pi b h^2}{2},$$

woraus die Wahrheit der Behauptung erhellet.

§. 77. Zusatz 1. Wird CM ∓ BA (Fig. 15.) und AM ∓ BC gedacht, so erhält man den Inhalt des Körpers, welchen die Ebene CMA bei der Umdrehung um CM beschreibt, $= \frac{\pi h^2 b}{6}$, also gleich dem sechsten Theil des zugehörigen Cylinders. Wird nemlich jede Abscisse auf CM von C aus durch u, die zugehörige normale Ordinate der Parabel durch z ausgedrückt, so erhellet sogleich, daß $[h - z]^2 = a . [b - u]$, also $2hz - z^2 = au$ ist. Denkt man sich nun CM in n gleiche Theile e getheilt, und in der Mitte jedes Theils eine Ordinate z der Parabel, bezeichnet diese nach der Folge von C gegen M, durch α, β, γ u. s. w. φ, so ist also $2h\alpha - \alpha^2 = \frac{ae}{2}$; $2h\beta - \beta^2 = \frac{a.3e}{2}$; $2h\gamma - \gamma^2 = \frac{a.5e}{2}$ u. s. w. $2h\varphi - \varphi^2 = \frac{a.(2n-1)e}{2}$, also der Inhalt des erwähnten Körpers, wie in §. 76., wenn n unendlich groß gedacht wird, =

$$\pi e[\alpha^2 + \beta^2 + \gamma^2 + \ldots + \varphi^2]$$

$$=\pi e\left[2h\alpha-\frac{ae}{2}+2h\beta-\frac{a.3e}{2}+2h\gamma-\frac{a.5e}{2}+\text{u. s. w}\right.$$
$$\left.+2h\varphi-\frac{a.(2n-1)e}{2}\right]$$
$$=2h\pi[\alpha e+\beta e+\gamma e+\ldots.+\varphi e]-\frac{\pi ae^2}{2}.[1+3+\ldots.+2n-1]$$
$$=2h\pi.\text{ Ebene CMA}-\frac{\pi a e^2}{2}.n^2$$
$$=2h\pi.\frac{bh}{3}-\frac{\pi a b^2}{2}\ (\S.\ 75.)$$
$$=\tfrac{2}{3}h^2\pi.b-\frac{\pi h^2 b}{2}\ (\text{weil } h^2=ab \text{ ist})$$
$$=\frac{h^2\pi b}{6}.$$

§. 78. Zusatz 2. Auf einen ähnlichen Weg erhält man den Körper, welchen die Ebene CMA bei der Umdrehung um AM beschreibt, wenn man AM in n gleiche Theile e theilt, und die Ordinaten in den Mittelpunct $=\alpha, \beta, \gamma \ldots. \varphi$ setzt, $=\pi e[\alpha^2+\beta^2+\gamma^2+\ldots.+\varphi^2]$. Es ist aber $\left[\frac{e}{2}\right]^2=a\alpha$; $\left[\frac{3e}{2}\right]^2=a\beta$; ..... $\left[\frac{(2n-1)e}{2}\right]^2=a\varphi$;

also der Körper $=\frac{\pi e^5}{16a^2}[1^4+3^4+5^4+\ldots.+(2n-1)^4]$

$$=\frac{\pi e^5}{16a^2}.[n+n_2.80+n_3.464+n_4.768+n_5.384]$$

(§. 195. Arithm. I. Bd.)

$=\frac{\pi h e^4}{15.16.a^2}.[48n^4-40n^2+7]$; daher, $\frac{h}{n}$ für e und $\frac{h^2}{b}$ für a geschrieben, der Körper

$$=\frac{\pi h b^2}{15.16}.\left[48-\frac{40}{n^2}+\frac{7}{n^4}\right]\ (\text{oder weil } n=\infty \text{ ist})$$

$=\frac{\pi h b^2}{15.16}.48=\frac{\pi h b^2}{5}=$ den fünften Theil des zugehörigen Cylinders.

§. 79. Zusatz. Die Bestimmung der Länge eines parabolischen Bogens (die Rectification), so wie die Bestimmung der parabolischen Calotte und Zone erfordert Integral=

tegralrechnung, weshalb hier nur die Resultate angegeben werden sollen. Ist nemlich wie bisher (Fig. 15.) A der Scheitelpunct, AB = b ein Stück der Achse, BD (normal auf AB) = h, so ist die Länge des Bogens AD = $\frac{1}{2}.\sqrt{h^2+4b^2}+\frac{h^2}{4b}.2{,}302585.\overset{10}{\mathrm{Log}}\frac{2b+\sqrt{h^2+4b^2}}{h}$, und die Calotte, welche der Bogen AD bei der Umdrehung um AB erzeugt, $=\frac{\pi h}{6b^2}[(4b^2+h^2)^{\frac{3}{2}}-h^3]$.

Beispiel. Für b = 20; h = 30; also a = 45; erhält man den Bogen AD = 37,36... und die Calotte = 3848,46....

§. 80. Aufgaben zur Uebung der Gesetze von der Parabel.

I. In der Achse einer Parabe zum Parameter a ist in der Entfernung b vom Scheitelpunct ein Punct D gegeben; man soll durch D eine Sehne von der gegebenen Länge c legen.

Der spitze Winkel, den c rechts mit b bilden wird, sei = x, die Theile von c, rechts und links der Achse, sollen y und z heißen, so erscheinen y Sin x und z Sin x als normale Achsen-Ordinaten, und b — y Cos x, so wie b + z Cos x, als die zugehörigen Abscissen; es ist daher

$[y \sin x]^2 = a[b - y \cos x]$ und $[z \sin x]^2 = a[b + z \cos x]$;

aus der ersten Gleichung folgt

$y=\frac{-a\cos x+\sqrt{a^2+(4ab-a^2)\sin x^2}}{2\sin x^2}$; aus der zweiten

$z=\frac{a\cos x+\sqrt{a^2+(4ab-a^2)\sin x^2}}{2\sin x^2}$; und folglich muß

$y+z=\frac{\sqrt{a^2+(4ab-a^2)\sin x^2}}{2\sin x^2}=c$ werden; hieraus entspringt $[\sin x^2]^2-\frac{4ab-a^2}{c^2}[\sin x^2]-\frac{a^2}{c^2}=0$; und also ist $\sin x=\sqrt{a.\frac{4b-a+\sqrt{(4b-a)^2+4c^2}}{2c^2}}$.

Ist $a = 5$, $b = 8$, und soll $c = 100$ werden, so wird $x = 13° 50' 16''$.

II. In der Achse einer Parabel zum Parameter a ist in der Entfernung b vom Scheitelpunct A ein Punct D gegeben (Fig. 16.) und durch D unter einen gegebenen Winkel α die Linie DE gelegt; man soll den Inhalt F der Ebene ADE durch a, b und α bestimmen.

Es sei $DE = x$, so ist $[x \sin\alpha]^2 = a[b - x \cos\alpha]$; und hieraus $x = \frac{-a \cos\alpha + \sqrt{a^2 + (4ab - a^2) \sin\alpha^2}}{2 \sin\alpha^2}$; folglich, EC normal auf AD gefällt, $AC = b - x \cos\alpha$; $EC = x \sin\alpha$; also der parabolische Abschnitt $ACE = \frac{2}{3} x \sin\alpha (b - x \cos\alpha)$ und das Dreieck $DCE = \frac{1}{2} x^2 \sin\alpha \cos\alpha$; folglich $F = \frac{2}{3} x \sin\alpha (b - x \cos\alpha) + \frac{1}{2} x^2 \sin\alpha \cos\alpha$; und den Werth für x substituirt

$$F = \frac{\left\{\begin{matrix} -6ab \sin\alpha^2 \cos\alpha - a^2 \cos\alpha^3 \\ + [a \cos\alpha^2 + 4b \sin\alpha^2] \sqrt{a^2 + (4ab - a^2) \sin\alpha^2} \end{matrix}\right\}}{12 \sin\alpha^3}.$$

Ist $a = 6$; $b = 10$; $\alpha = 60°$; so erhält man $F = 37{,}662 \ldots.$

III. Es sei A der Scheitelpunct einer Parabel zum Parameter $= a$ (Fig. 17.); $AB = b$ ein Stück der Achse; $BC = h$ normal auf AB; CD bilde mit BC den Winkel $= 90° + \alpha$; man soll den Inhalt F des parabolischen Ausschnitts ACD bestimmen.

Wird $CD = x$ gesetzt, DE normal auf AB; CG normal auf DE gefällt, so ist $\angle DCG = \alpha$; $DG = x \sin\alpha$; $GE = h$; also $DE = x \sin\alpha + h$; ferner $AE = b - x \cos\alpha$; daher $(x \sin\alpha + h)^2 = a.(b - x \cos\alpha)$ und hieraus

$$x = \frac{-2h \sin\alpha - a \cos\alpha + \sqrt{4ah \sin\alpha \cos\alpha + a^2 \cos\alpha^2 + 4ab \sin\alpha^2}}{2 \sin\alpha^2}.$$

Versteht man nun unter x diesen Ausdruck, so ist:
Ebene $AED = \frac{2}{3} AE . ED = \frac{2}{3} [b - x \cos\alpha] . [h + x \sin\alpha]$,
Ebene $DCG = \frac{1}{2} . DG . GC = \frac{1}{2} x^2 \sin\alpha \cos\alpha$,
Ebene $BCGE = BC . CG = h . x \cos\alpha$, und
Ebene $ABC = \frac{1}{2} . AB . BC = \frac{1}{2} b h$, folglich

$$F = \frac{2}{3} [b - x \cos\alpha] [h + x \sin\alpha] + \frac{1}{2} x^2 \sin\alpha \cos\alpha + h x \cos\alpha - \frac{1}{2} b h$$

$$= \frac{1}{6} [b h + 2 h x \cos\alpha + 4 b x \sin\alpha - x^2 \sin\alpha \cos\alpha],$$

oder auch $\frac{ab - h^2 - (a \cos\alpha + 2h \sin\alpha) x}{\sin\alpha^2}$ für x^2 geschrieben,

$$F = \frac{1}{6} [b h - (a b - h^2) \operatorname{Cotg}\alpha + (4 h \cos\alpha + 4 b \sin\alpha + a \cos\alpha \operatorname{Cotg}\alpha) x].$$

Ist $a = 6$, $b = 10$, $h = 4$, $\alpha = 45°$, so erhält man $x = \sqrt{186} - 7\sqrt{2} = 3{,}74$ und $F = 26\frac{2}{3}$.

IV. Eine Näherungsformel für den Inhalt F einer ganz irregulären von Curven eingeschlossenen Ebene, durch Anwendung der Formel für den Inhalt eines parabolischen Segments, herzuleiten.

Man denke sich vorläufig zwei parallele gerade Grenzlinien der Ebene, ihre Längen sollen $= a$, z sein (Fig. 18.), verbinde beide durch eine auf sie normale Linie, theile diese in eine gerade Anzahl gleicher Theile α, lege durch jeden eine mit a und z parallele Durchschnittslinie der Figur, und bezeichne diese der Folge nach durch b, c u. s. w. x, y. Nimmt man nun immer zwei Streifen zusammen, so ist
der 1ste AHKC = dem Trapez AHKC + dem Abschnitt ABC + dem HIK,
der 2te CKME = dem Trapez CKME — dem Abschnitt CDE — dem KLM,
der 3te EGPM = dem Trapez EGPM + dem Abschnitt EFG — dem MNP
u. s. w.,

und für jeden folgenden Doppelstreifen kommen entweder beide Abschnitte positiv, oder beide negativ, oder der eine positiv, der andere aber negativ vor. Wird nun annähernd jeder solcher Abschnitt als ein parabolischer betrachtet, so ist der $ABC = \frac{2}{3}.BQ\ AC \operatorname{Sin} BQC$ (§. 75.) $= \frac{2}{3}.BQ.2\alpha$, eben so der $HIK = \frac{2}{3}.RI.2\alpha$ u. s. w., folglich der erste

Doppelstreifen $= \frac{a+c}{2}.2\alpha + \frac{2}{3}.BQ.2\alpha + \frac{2}{3}.RI.2\alpha$

$= 2\alpha\left[\frac{a+c}{2} + \frac{2}{3}(BQ + RI)\right] = 2\alpha\left[\frac{a+c}{2} + \frac{2}{3}.(b - QR)\right]$

$= 2\alpha\left[\frac{a+c}{2} + \frac{2}{3}\left(b - \frac{a+c}{2}\right)\right]$ (§. 97. Geom. Erst. Bd.)

$= \frac{\alpha}{3}.[a + 4b + c]$;

der zweite $= \frac{c+e}{2}.2\alpha - \frac{2}{3}.SD.2\alpha - \frac{2}{3}.LT.2\alpha$

$= \frac{\alpha}{3}.[3(c+e) - 4(SD+LT)] = \frac{\alpha}{3}[3(c+e) - 4.(ST-d)]$

$= \frac{\alpha}{3}\left[3(c+e) - 4.\left(\frac{c+e}{2} - d\right)\right] = \frac{\alpha}{3}[c + 4d + e]$; und

der dritte $= \frac{e+g}{2}.2\alpha + \frac{2}{3}.FV.2\alpha - \frac{2}{3}NW.2\alpha$

$= \frac{\alpha}{3}[3(e+g) + 4(FV - NW)]$

$= \frac{\alpha}{3}[3(e+g) + 4.(FN - NV - NW)]$

$= \frac{\alpha}{3}.[3(e+g) + 4(FN - VW)]$

$= \frac{\alpha}{3}\left[3(e+g) + 4.\left(f - \frac{e+g}{2}\right)\right] = \frac{\alpha}{3}.[e + 4f + g]$.

Eben so der vierte $= \frac{\alpha}{3}.[g + 4h + i]$ u. s. w.,

der letzte $= \frac{\alpha}{3}[x + 4y + z]$; also wenn man addirt

$F = \frac{\alpha}{3}.[a + 4b + 2c + 4d + 2e + 4f + \ldots + 2x + 4y + z]$.

Ist die ganze Begrenzung krumm, d. h. ist $a = 0$ und $z = 0$, so hat man

$F = \frac{2}{3}\alpha.[2b + c + 2d + e + 2f + \ldots + x + 2y]$.

V. Eine Näherungs-Formel für den Inhalt K eines von krummen Flächen begrenzten Körpers darzustellen.

Man denke sich vorläufig 2 parallele Begrenzungs-Ebenen des Körpers, und mit diesen lauter parallele Durchschnitts-Ebenen unter gleichen Abständen α, bezeichne die Inhalte aller dieser Ebenen der Folge nach durch A, B, C u. s. w. X, Y, Z, trage auf einer geraden Linie diese Abstände α auf, errichte in den Theilungspuncten Normalen, und mache diese so vielen Längen-Einheiten gleich, als A, B, C .... Y, Z Flächen-Einheiten ausdrücken, so erhält man, wenn durch die Endpuncte eine Linie stetig gedacht wird, eine Ebene, deren Menge Flächen-Einheiten von der Menge Körper-Einheiten des gegebenen Körpers, d. h. von K, um so weniger verschieden sein kann, je kleiner α gewählt wurde. Da nun nach IV. die Menge Flächen-Einheiten annähernd bestimmt ist, so hat man also auch

$$K = \frac{\alpha}{3}[A + 4B + 2C + 4D + \ldots + 2X + 4Y + Z];$$

und, wenn A und Z gleich Null sind

$$K = \frac{2\alpha}{3}.[2B + C + 2D + \ldots + X + 2Y].$$

Anmerk. Es ist eine sonderbare Erscheinung, daß diese Formeln häufig in den Fällen, wo eine bedeutendere Abweichung von der Wahrheit zu vermuthen steht, d. h. in den Fällen, wo die Curve nicht parabolisch ist, also bei der Anwendung auf körperliche Inhalte eigentlich ein doppelter Fehler gemacht wird, nemlich 1stens der, daß die Curve als parabolisch betrachtet wird; 2tens der, daß das Gesetz, welches für Berechnung der Ebenen gilt, auch für die Berechnung der Körper als anwendbar angenommen wird, welche durch Umdrehung solcher Ebene erzeugt werden [wie abweichend beide sind, erhellet am einfachsten, wenn man sich ein Trapez ABCD (Fig. 19.) vorstellt, in welchem die Winkel bei A und B rechte sind, und dieses Trapez dann um AB ganz herumgedreht; die Ebene wird dann berechnet, wenn man das arithmetische Mittel von AD und BC mit AB multiplicirt, der Körper aber nicht nach demselben Gesetz, sondern nach dem §. 240. Geom. Erst. Bd.], doch gerade in solchen Fällen eine vollkommene Uebereinstimmung gewähren, und es läßt sich diese Erscheinung nur durch ein zufälliges Vernichten dieser beiden Fehler erklären. Berechnet man z. B. nach der letzten Formel den Inhalt einer Kugel zum Halbmesser r, indem man den Durchmesser nur in vier gleiche Theile theilt, so daß also jeder $= \frac{r}{2}$ ist, so erhält man $B = \frac{3r^2}{4} . \pi$; $C = r^2 \pi$; $D = \frac{3r^2}{4} . \pi$; also

$$K = \frac{2}{3} . \frac{r}{2} . \left[2 . \frac{3r^2}{4} . \pi + r^2 \pi + 2 . \frac{3r^2}{4} . \pi\right] = \frac{4}{3} r^3 \pi,$$

welches vollkommen richtig ist. Für jede andere Abtheilung des Durchmessers, in eine gerade Anzahl gleicher Theile, erhält man ebenfalls das vollkommene richtige Resultat.

Des neunten Kapitels zweite Abtheilung.

Von der Ellipse insbesondere.

§. 81. Lehrsatz. Die Ellipse ist eine geschlossene Curve (wie der Kreis) und die Länge ihrer Achse (§. 64. und 55.) ist $= \frac{h \operatorname{Sin} 2\alpha}{\operatorname{Sin} (\beta - 2\alpha)}$; die Bezeichnung nach §. 64. beibehalten.

1ster Beweis. Nach §. 65. ist die Gleichung der Ellipse für normale Ordinaten y, die Abscissen x auf der Achse, vom Scheitelpunct aus genommen,

$$y^2 = \frac{2h \operatorname{Sin}\alpha \operatorname{Sin}\beta}{\operatorname{Cos}\alpha} x - \frac{\operatorname{Sin}\beta \operatorname{Sin}(\beta - 2\alpha)}{\operatorname{Cos}\alpha^2} . x^2, \text{ oder}$$

$$y^2 = \frac{\operatorname{Sin}\beta}{\operatorname{Cos}\alpha^2} [h \operatorname{Sin} 2\alpha - \operatorname{Sin}(\beta - 2\alpha) . x] . x,$$

und sie liefert zwei Werthe für x, von welchen jeder y zu Null macht, nemlich $x = 0$, und auch denjenigen Werth von x, der

$$h \operatorname{Sin} 2\alpha - \operatorname{Sin}(\beta - 2\alpha) . x \text{ zu Null macht;}$$

dieser ist daher $\frac{h \operatorname{Sin} 2\alpha}{\operatorname{Sin}(\beta - 2\alpha)}$, und an dem Endpunct dieser Länge als Abscisse schließt sich die Curve. Die Größe der Achse ist daher $= \frac{h \operatorname{Sin} 2\alpha}{\operatorname{Sin}(\beta - 2\alpha)}$.

2ter Beweis. Da für die Ellipse $\beta > 2\alpha$ ist (§. 65.), so convergirt EF mit AC (Fig. 9.), und denkt man sich an die Stelle des Schneidungspunctes von EF und AC den Buchstaben Q gesetzt, so schließt sich die Ellipse in Q und EQ ist die Länge ihrer Achse. Man hat aber im Dreieck AEQ

$$EQ : AE = \operatorname{Sin} EAQ : \operatorname{Sin} AQE; \text{ oder}$$

$$EQ : h = \operatorname{Sin} 2\alpha : \operatorname{Sin}(\beta - 2\alpha); \text{ und hieraus folgt}$$

$$EQ = \frac{h \operatorname{Sin} 2\alpha}{\operatorname{Sin}(\beta - 2\alpha)}.$$

§. 82. Zusatz. Wird EQ durch 2a ausgedrückt, so hat man $2a = \frac{h \operatorname{Sin} 2\alpha}{\operatorname{Sin}(\beta - 2\alpha)}$; und bringt man dann die Gleichung der Ellipse (§. 81.) in die Form

$$y^2 = \frac{2h \operatorname{Sin}\alpha \operatorname{Sin}\beta}{\operatorname{Cos}\alpha} . \left[x - \frac{\operatorname{Sin}(\beta - 2\alpha)}{2h \operatorname{Sin}\alpha \operatorname{Cos}\alpha} . x^2\right]; \text{ oder}$$

$$y^2 = 2h \operatorname{Tg}\alpha \operatorname{Sin}\beta \left[x - x^2 : \frac{h \operatorname{Sin} 2\alpha}{\operatorname{Sin}(\beta - 2\alpha)}\right];$$

so erhält man, den Werth für $2a$ substituirt,

$$y^2 = 2h \,\mathrm{Tg}\,\alpha \,\mathrm{Sin}\,\beta \left[x - \frac{x^2}{2a}\right].$$

Die (auch leicht durch Construction darzustellende) Linie $h \,\mathrm{Tg}\,\alpha \,\mathrm{Sin}\,\beta$ heißt der Achsenparameter der Ellipse, und wird sie durch p ausgedrückt, so ergiebt sich die Gleichung

$$\text{(I)} \quad y^2 = 2p\left[x - \frac{x^2}{2a}\right].$$

§. 83. Zusatz. Werden die beiden gleichen auf $2a$ normalen Ordinaten, zur Abscisse a gehörig, durch c ausgedrückt, so ist [aus (I) §. 82.] $c^2 = 2p\left[a - \frac{a^2}{2a}\right]$; oder $c^2 = pa$; also $p = \frac{c^2}{a}$; und setzt man diesen Werth in (I) (§. 82.), so folgt

$$\text{(II)} \quad y^2 = \frac{c^2}{a^2}[2ax = x^2].$$

Aus $c^2 = p.a$ hat man auch $p : c = c : a$, d. h. c ist die mittlere geometrische Proportionallinie zu p und a.

§. 84. Lehrsatz. Es theilt auch $2c$, so wie den Gleichungen (I) und (II) entsprechend, $2a$ die Ellipse in zwei congruente Hälften.

Beweis. Schreibt man [in (II) §. 83.] $2a - x$ für x, so entspringt für die zur Abscisse $2a - x$ gehörige Ordinate z die Gleichung $z^2 = \frac{c^2}{a^2}[2a(2a-x) - (2a-x)^2]$, oder $z^2 = \frac{c^2}{a^2}[2ax - x^2]$; und aus der Vergleichung folgt sogleich $z = y$. Su gleichen Abscissen auf der Achse $2a$ die eine aus dem einen, die andere aus dem andern Endpuncte von $2a$ abgetragen, gehören also auch gleiche Ordinaten, woraus die Wahrheit der Behauptung erhellet.

§. 85. Erklärung. Aus §. 84. folgt, daß auch $2c$ eine Achse der Ellipse ist. Man nennt zur Unterscheidung 2a die große und 2c die kleine Achse der Ellipse, und ihren Durchschnittspunct den Mittelpunct derselben. Die beiden Achsen theilen daher die elliptische Ebene in vier congruente Quadraten. Ist $a:c = a^{I}:c^{I}$, so heißen die beiden Ellipsen, von welchen die eine 2a und 2c, die andere $2a^{I}$ und $2c^{I}$ zu Achsen hat, ähnlich.

§. 86. Zusatz. Nimmt man die Abscissen aus dem Mittelpunct auf der großen Achse, bezeichnet sie durch u, und die zugehörigen normalen Ordinaten durch y, so erhält man die Gleichung zwischen y und u, wenn man in II. (§. 83.) a — u für x schreibt. Es entsteht sogleich

$$\text{(III)}\quad y^2 = \frac{c^2}{a^2}[a^2 - u^2];\ \text{und hieraus auch}$$

$$\text{(IV)}\quad u^2 = \frac{a^2}{c^2}[c^2 - y^2];$$

in welcher letzten Gleichung auch y als Abscissen aus dem Mittelpunct auf der kleinen Achse abgetragen, und u als die zugehörigen normalen Ordinaten zu betrachten sind.

§. 87. Zusatz. Denkt man sich über 2a als Durchmesser einen Halbkreis, so gehört zu jeder Abscisse u aus dem Mittelpunct auf dem Halbmesser genommen eine normale Ordinate z, die sich aus der Gleichung $z^2 = a^2 - u^2$ bestimmt. Aus dieser Gleichung und der (III.) §. 86.

$$y^2 = \frac{c^2}{a^2}[a^2 - u^2]\ \text{folgt dann sogleich}$$

$z^2 : y^2 = c^2 : a^2$; also auch $z : y = c : a$. Diese Proportion giebt ein leichtes Mittel an die Hand (nach §. 131. 3. Geom. I. Bd.), zu jeder Abscisse u aus dem Mittelpunct auf der großen Achse genommen, die zugehörige Ordinate y der Ellipse durch Construction darzustellen, deren beide Achsen 2a und 2c gegeben sind. Die durch die Endpuncte vieler solcher aufgetragenen Ordinaten mit freier Hand stetig geführte Linie giebt dann die elliptische Linie selbst.

§. 88. Aufgabe. Es sind die beiden Achsen 2a und 2c gegeben; man soll die zugehörige Ellipse mit einem Zirkel construiren.

Auflösung. Man gebe dem einen Schenkel die Länge $\frac{a+c}{2}$; dem andern die $\frac{a-c}{2}$. Es sei $AB = \frac{a+c}{2}$; $AD = \frac{a-c}{2}$ (Fig. 20.); nun nehme man $AE = \frac{a-c}{2}$, und lege den Zirkel auf die Ebene des Papiers, so daß D in dem Mittelpunct der zu zeichnenden Ellipse, E aber in die Richtung der auch der Lage nach als gegeben angesehenen halben großen Achse DF = a fällt, denke sich sowohl in D als auch in A ein Charnier, in E durch den Schenkel AB aber einen Stift, der (etwa vermittelst eines Schlitzes in einem Lineal) den Punct E des Schenkels AB immer in DF erhält, man mag den Winkel DAE beider Schenkel des Zirkels vergrößeren oder verkleineren. Befestigt man nun in B normal auf die Ebene des Papiers eine Bleifeder, klappt den Zirkel anfänglich zu, so daß E in D fällt, also $\angle DAB = 0$ ist, und öffnet ihn dann allmählig, bis $\angle DAB = 180°$ wird, so beschreibt die Bleifeder in B den elliptischen Quadranten.

Beweis. Es muß gezeigt werden, daß für jeden Werth 2μ des Winkels DAB, wenn man die Normale BG auf DF durch y und DG durch u ausdrückt, allemal $y^2 = \frac{c^2}{a^2}[a^2 - u^2]$ wird (§. 86. III.). Weil nun $AD = AE = \frac{a-c}{2}$, so ist $DE = 2 . \frac{a-c}{2} . \operatorname{Sin}\mu$, und, weil $BE = AB - AE = \frac{a+c}{2} - \frac{a-c}{2} = c$ ist, so folgt $EG = c \operatorname{Sin}\mu$; BG oder $y = c \operatorname{Cos}\mu$; und also $DG = u = DE + EG = a \operatorname{Sin}\mu$. Aus $\operatorname{Sin}\mu = \frac{u}{a}$ und $\operatorname{Cos}\mu = \frac{y}{c}$ er=

giebt sich aber $\text{Sin}\,\mu^2 + \text{Cos}\,\mu^2 = 1 = \frac{u^2}{a^2} + \frac{y^2}{c^2}$; und hieraus $y^2 = \frac{c^2}{a^2}[a^2 - u^2]$.

§. 89. Aufgabe. Für jeden Punct der elliptischen Linie in Beziehung auf die Achse 2a die Subt., Tang., Subn. und Norm. zu bestimmen.

Auflösung. Es sei ABC (Fig. 21.) ein elliptischer Quadrant, $AB = a$; $BC = c$; D irgend ein Punct desselben; $DE = y$ normal auf AB; $AE = x$; $EB = u$; DF die Tangente in D verlängert bis zum Durchschnittspunct F mit der Richtung der großen Achse, so sind zuvörderst für jeden Werth von x die beiden Unbekannten $AF = w$ und $\angle DFB = \alpha$ der Bedingung gemäß zu bestimmen, daß FD für den zur Abscisse x gehörigen Endpunct D der Ordinate $ED = y$ Berührungslinie werde. Es ist aber für dieselben Abscissen x die Gleichung für die gerade Linie FD, unter z die normalen Ordinaten verstanden

$$z = w\,\text{Tg}\,\alpha + x\,\text{Tg}\,\alpha;$$

die für die Ellipse $y^2 = \frac{c^2}{a^2}(2ax - x^2)$; und es muß also, damit der Punct D beiden gemeinschaftlich werde, für das gewählte $x = AE$, nothwendig $z = y$, d. h.

$$[w\,\text{Tg}\,\alpha + x\,\text{Tg}\,\alpha]^2 = \frac{c^2}{a^2}[2ax - x^2]; \text{ oder}$$

$$[a^2\text{Tg}\,\alpha^2 + c^2]x^2 - 2[ac^2 - a^2w\text{Tg}\,\alpha^2]x + a^2w^2\text{Tg}\,\alpha^2 = 0$$

sein. Dieser Gleichung muß aber nur ein Werth für x entsprechen, und folglich ist (nach §. 62. 1.)

1) $4[ac^2 - a^2w\text{Tg}\,\alpha^2]^2 = 4[a^2\,\text{Tg}\,\alpha^2 + c^2].a^2w^2\text{Tg}\,\alpha^2$,

2) $x = \frac{2(ac^2 - a^2\,w\,\text{Tg}\,\alpha^2)}{2(a^2\,\text{Tg}\,\alpha^2 + c^2)}$,

aus welchen beiden Gleichungen sich die Werthe für w und α, zu dem gedachten $x = AE$ folgendergestalt ergeben:

Entwickelt man $ac^2 - a^2 w Tg\alpha^2$ aus 2., und setzt den Werth in 1., so kommt

3) $[a^2 Tg\alpha^2 + c^2]^2 x^2 = [a^2 Tg\alpha^2 + c^2] a^2 w^2 Tg\alpha^2$, oder $[a^2 Tg\alpha^2 + c^2] x^2 = a^2 w^2 Tg\alpha^2$, und hieraus folgt

4) $Tg\alpha^2 = \frac{c^2}{a^2} \cdot \frac{x^2}{w^2 - x^2}$.

Schreibt man nun diesen Werth für $Tg\alpha^2$ in 2., so folgt sogleich, $wx(w+x) = a(w^2 - x^2)$, oder durch $w + x$ dividirt

5) $wx = a(w - x)$, und hieraus

6) $w = \frac{ax}{a-x}$; dann auch, diesen Werth für w in 4. gesetzt, $Tg\alpha^2 = \frac{c^2}{a^2} \cdot \frac{(a-x)^2}{2ax - x^2}$, oder $\frac{a^2 y^2}{c^2}$ für $2ax - x^2$ geschrieben:

7) $Tg\alpha = \frac{c^2}{a^2} \cdot \frac{a-x}{y} = \frac{c^2 u}{a^2 . y}$.

Addirt man nun $AE = x$ zu $FA = w = \frac{ax}{a-x}$; so hat man

$$\text{(I) Subt} = \frac{2ax - x^2}{a - x} = \frac{a^2 y^2}{c^2 (a-x)} = \frac{a^2 . y^2}{c^2 . u};$$

dann, ganz eben so wie in §. 67.,

$$\text{(II) Tang} = \frac{y . \sqrt{a^4 y^2 + c^4 u^2}}{c^2 . u};$$

$$\text{(III) Subn} = \frac{c^2}{a^2} . u = \text{EG in der Figur;}$$

$$\text{(IV) Norm} = \frac{\sqrt{a^4 y^2 + c^4 u^2}}{a^2} = \text{DG in der Figur.}$$

Man erhält auch noch durch Addition von Subt. und $BE = u$; $BF = \frac{a^2}{u}$.

§. 90. Lehrsatz. Ist $AB = 2a$ (Fig. 22.) die große Achse zu der halben Ellipse ACB; M ihr Mittelpunct, bezeichnet ferner 2c die kleine Achse, und man macht auf AB, $MF = MG = \sqrt{a^2 - c^2} = e$, so ist für jeden Punct D der elliptischen Linie, wenn man die Linien FD, GD und die Normale DK zieht; 1stens $FD + GD = 2a$; 2tens $\angle FDK = KDG$.

Beweis. Ist DE die auf AB normale Ordinate zu dem Punct D; $ME = u$; $ED = y$, so ist

$$FD^2 = FE^2 + ED^2 = (e - u)^2 + y^2$$
$$= e^2 - 2eu + u^2 + \frac{c^2}{a^2}(a^2 - u^2)$$
$$= a^2 - c^2 - 2eu + u^2 + c^2 - \frac{c^2}{a^2}u^2$$
$$= a^2 - 2eu + \frac{a^2 - c^2}{a^2}u^2 = a^2 - 2eu + \left(\frac{e}{a}u\right)^2;$$

folglich $FD = \pm\left(a - \frac{eu}{a}\right)$, wo, weil für $u = a$ sich $a - e$ ergeben muß, nur das obere Zeichen gelten kann. Man hat also $FD = a - \frac{eu}{a}$, und eben so entsteht

$$GD^2 = GE^2 + ED^2 = (e + u)^2 + y^2 = a^2 + 2eu + \left(\frac{e}{a}u\right)^2;$$

also $GD = a + \frac{eu}{a}$, und die Summe liefert

1stens $FD + GD = 2a$.

Nun ist ferner (nach §. 89.) $EK = \text{Subn} = \frac{c^2}{a^2}u$; folglich $FK = FE + EK = e - u + \frac{c^2}{a^2}u = e - \frac{a^2 - c^2}{a^2}u$ $= e - \frac{e^2}{a^2}u = \frac{e(a^2 - eu)}{a^2}$, und also $KG = FG - FK$ $= 2e - \left(e - \frac{e^2}{a^2}u\right) = e + \frac{e^2u}{a^2} = \frac{e(a^2 + eu)}{a^2}$; folglich $FK : KG = a^2 - eu : a^2 + eu$.

Es war aber $FD = a - \frac{eu}{a} = \frac{a^2 - eu}{a}$, und $GD = a + \frac{eu}{a}$ $= \frac{a^2 + eu}{a}$, und hieraus ist $FD : GD = a^2 - eu : a^2 + eu$. Aus beiden Proportionen erhellet, daß $FK : KG = FD : GD$ ist, und hieraus:

2tens $\angle FDK = KDG$ (§. 73. Geom. Erst. Bd.).

§. 91. Erklärung. Den in §. 90. bewiesenen Eigenschaften der Puncte F und G entsprechend nennt man sie die Brennpuncte der Ellipse; jede Linie aus einem der Brennpuncte nach irgend einem Punct der elliptischen Linie heißt ein Brennstrahl; die Linien aus einem Punct der elliptischen Linie nach beiden Brennpuncten werden zusammengehörige Brennstrahlen, und die Abstände vom Mittelpunct der Ellipse bis zu den Brennpuncten, also MF und MG, die Excentricität der Ellipse genannt, so daß also die Excentricität durch e ausgedrückt, $e = \sqrt{a^2 - c^2}$; oder $e^2 + c^2 = a^2$ ist.

§. 92. Zusatz. Nach §. 90. ist es leicht, wenn die beiden Achsen 2a und 2c gegeben sind, sowohl die elliptische Linie als auch für jeden Punct derselben, Norm. und Tang. zu construiren. Man mache nemlich auf einer geraden Linie $AM = MB = a$ (Fig. 22.), dann $MF = MG = e = \sqrt{a^2 - c^2}$, nehme einen Faden von der Länge 2a, befestige den einen Endpunct in F, den andern in G, spanne den Faden durch eine Bleifeder an, und führe sie unter steter Anspannung des Fadens von A bis B fort, so beschreibt sie die zu 2a und 2c als Achsen gehörige Ellipse ADCB u. s. w. Sollen nun ferner für irgend einen Punct D, die Tang., Norm., Subt. und Subn. construirt werden, so ziehe man die zusammengehörigen Brennstrahlen FD, GD, und halbire den Winkel FDG durch DK, errichte dann auf DK in D eine Normale DL, und fälle die Normale DE auf AB, so wird DK = Norm., EK = Subn., DL = Tang., LE = Subt.

§. 93. Aufgabe. Es sei AB (Fig. 23.) die große Achse 2a der Ellipse AKB; M ihr Mittelpunct; 2c ihre kleine Achse; C ein beliebiger, zum Mittelpuncts-Winkel

CMA $= \gamma$ gehöriger Punct in AKB; CD die Tangente in D; δ ihr Winkel mit 2a; ME parallel mit DC; man soll δ, MC und ME durch a, c und γ ausdrücken.

Auflösung. Wird die Unbekannte MC durch α, die ME durch β ausgedrückt, so ist die Ordinate des Punctes C $= \alpha \operatorname{Sin} \gamma$ und die zugehörige Abscisse aus dem Mittelpunct $\alpha \operatorname{Cos} \gamma$; folglich, wenn $\alpha \operatorname{Sin} \gamma$ für y und $\alpha \operatorname{Cos} \gamma$ für u in $y^2 = \frac{c^2}{a^2}(a^2 - u^2)$ gesetzt wird, $\alpha^2 \operatorname{Sin} \gamma^2 = \frac{c^2}{a^2}(a^2 - \alpha^2 \operatorname{Cos} \gamma^2)$, und hieraus

$$\text{(I)} \quad \alpha^2 = \frac{a^2 c^2}{a^2 \operatorname{Sin} \gamma^2 + c^2 \operatorname{Cos} \gamma^2}.$$

Werden ferner diese Werthe in §. 89. 7. gesetzt, so entsteht $\operatorname{Tg} \delta = \frac{c^2 . \alpha \operatorname{Cos} \gamma}{a^2 . \alpha \operatorname{Sin} \gamma}$, und also

$$\text{(II)} \quad \operatorname{Tg} \delta = \frac{c^2}{a^2} . \operatorname{Cotg} \gamma.$$

Ganz so wie (I) ergiebt sich auch

$$\beta^2 = \frac{a^2 c^2}{a^2 \operatorname{Sin} \delta^2 + c^2 \operatorname{Cos} \delta^2} = \frac{a^2 c^2 [1 + \operatorname{Tg} \delta^2]}{a^2 \operatorname{Tg} \delta^2 + c^2},$$

oder, den Werth für $\operatorname{Tg} \delta^2$ aus (II) substituirt und reducirt,

$$\text{(III)} \quad \beta^2 = \frac{a^4 . \operatorname{Sin} \gamma^2 + c^4 . \operatorname{Cos} \gamma^2}{a^2 \operatorname{Sin} \gamma^2 + c^2 \operatorname{Cos} \gamma^2}.$$

§. 94. Lehrsatz. Jede durch CM gelegte mit der Tang. CD in C parallele Sehne HK (Fig. 23.) der Ellipse wird von CM in G halbirt.

Beweis. Es sei MG $=$ u; GK $=$ y; GH $=$ z; so ist zu beweisen, daß für jeden Werth von u allemal y $=$ z wird. Für den Punct K ist die Normale aus K auf AB, nemlich KF $= y \operatorname{Sin} \delta + u \operatorname{Sin} \gamma$ (die Bedeutung von δ, γ und auch von a, c, α, β wie in §. 93. beibehalten), und die zugehörigen Abscisse MF $= y \operatorname{Cos} \delta - u \operatorname{Cos} \gamma$; für den Punct H eben so die Ordinate HN $= z \operatorname{Sin} \delta - u \operatorname{Sin} \gamma$

und die zugehörige Abscisse $= z \operatorname{Cos}\delta + u \operatorname{Cos}\gamma$. Werden diese Werthe in die Gleichung §. 86. III. gesetzt, so erhält man

$$[y \operatorname{Sin}\delta + u \operatorname{Sin}\gamma]^2 = \frac{c^2}{a^2}[a^2 - (y \operatorname{Cos}\delta - u \operatorname{Cos}\gamma)^2] \text{ und}$$

$$[z \operatorname{Sin}\delta - u \operatorname{Sin}\gamma]^2 = \frac{c^2}{a^2}[a^2 - (y \operatorname{Cos}\delta + u \operatorname{Cos}\gamma)^2];$$

oder geordnet

$$[a^2 \operatorname{Sin}\delta^2 + c^2 \operatorname{Cos}\delta^2] y^2 + 2.[a^2 \operatorname{Sin}\delta \operatorname{Sin}\gamma - c^2 \operatorname{Cos}\delta \operatorname{Cos}\gamma] uy + [a^2 \operatorname{Sin}\gamma^2 + c^2 \operatorname{Cos}\gamma^2] u^2 = a^2 c^2 \text{ und}$$

$$[a^2 \operatorname{Sin}\delta^2 + c^2 \operatorname{Cos}\delta^2] z^2 - 2[a^2 \operatorname{Sin}\delta \operatorname{Sin}\gamma - c^2 \operatorname{Cos}\delta \operatorname{Cos}\gamma] uz + [a^2 \operatorname{Sin}\gamma^2 + c^2 \operatorname{Cos}\gamma^2] u^2 = a^2 c^2.$$

Aus §. 93. (II) folgt aber $\frac{\operatorname{Sin}\delta}{\operatorname{Cos}\delta} = \frac{c^2}{a^2} \cdot \frac{\operatorname{Cos}\gamma}{\operatorname{Sin}\gamma}$; und hieraus $a^2 \operatorname{Sin}\delta \operatorname{Sin}\gamma = c^2 \operatorname{Cos}\delta \operatorname{Cos}\gamma$, und substituirt man diese Gleichung in die beiden vorigen, so erhält man

$$[a^2 \operatorname{Sin}\delta^2 + c^2 \operatorname{Cos}\delta^2] y^2 + [a^2 \operatorname{Sin}\gamma^2 + c^2 \operatorname{Cos}\gamma^2] u^2 = a^2 c^2$$

und

$$[a^2 \operatorname{Sin}\delta^2 + c^2 \operatorname{Cos}\delta^2] z^2 + [a^2 \operatorname{Sin}\gamma^2 + c^2 \operatorname{Cos}\gamma^2] u^2 = a^2 c^2,$$

woraus erhellet, daß $y = z$ wird, für jeden Werth von u.

§. 95. Zusatz. Setzt man in die Gleichung $[a^2 \operatorname{Sin}\delta^2 + c^2 \operatorname{Cos}\delta^2] y^2 + [a^2 \operatorname{Sin}\gamma^2 + c^2 \operatorname{Cos}\gamma^2] u^2 = a^2 c^2$; nach §. 93. $\frac{a^2 c^2}{\beta^2}$ für $a^2 \operatorname{Sin}\delta^2 + c^2 \operatorname{Cos}\delta^2$ und $\frac{a^2 c^2}{\alpha^2}$ für $a^2 \operatorname{Sin}\gamma^2 + c^2 \operatorname{Cos}\gamma^2$, so entsteht $\frac{y^2}{\beta^2} + \frac{u^2}{\alpha^2} = 1$ und hieraus $y^2 = \frac{\beta^2}{\alpha^2} \cdot (\alpha^2 - u^2)$, welche Gleichung mit der in §. 86. III. der Form nach vollkommen übereinstimmt. Wird jede Abscisse aus C auf CMT genommen, etwa CG, durch x ausgedrückt, und man schreibt $\alpha - x$ für u in $y^2 = \frac{\beta^2}{\alpha^2}(\alpha^2 - u^2)$, so erhält man $y^2 = \frac{\beta^2}{\alpha^2}(2\alpha x - x^2)$, welche Gleichung mit der §. 83. II. übereinstimmt.

§. 96. Erklärung. Aus §. 94. und 95. erhellet, daß jede durch den Mittelpunct der Ellipse gelegte Sehne derselben ein Durchmesser der Ellipse ist, und daß die entgegengesetzten gleichen Ordinaten zu jedem solchen Durchmesser parallel mit den Tangenten der Endpunete desselben laufen. Zwei Durchmesser 2α und 2β einer Ellipse, von welchen jeder parallel ist mit den Tangenten an den Endpuncten der andern, heißen coordinirte Durchmesser der Ellipse, und für solche gelten die Gleichungen $y^2 = \frac{\beta^2}{\alpha^2}(\alpha^2 - u^2)$ und $y^2 = \frac{\beta^2}{\alpha^2}(2\alpha x - x^2)$ im vorigen Paragraph.

§. 97. Lehrsatz. Die Summe der Quadrate coordinirter Durchmesser ist unveränderlich, d. h. es ist $(2\alpha^2 + (2\beta^2) = (2a)^2 + (2c)^2$ oder auch $\alpha^2 + \beta^2 = a^2 + c^2$.

Beweis. Nach §. 93. ist $\alpha^2 = \frac{a^2 c^2}{a^2 \operatorname{Sin}\gamma^2 + c^2 \operatorname{Cos}\gamma^2}$ und $\beta^2 = \frac{a^4 \operatorname{Sin}\gamma^2 + c^4 \operatorname{Cos}\gamma^2}{a^2 \operatorname{Sin}\gamma^2 + c^2 \operatorname{Cos}\gamma^2}$; also, $\operatorname{Sin}\gamma^2 + \operatorname{Cos}\gamma^2$ für 1 geschrieben,

$$\alpha^2 + \beta^2 = \frac{a^2 c^2 (\operatorname{Sin}\gamma^2 + \operatorname{Cos}\gamma^2) + a^4 \operatorname{Sin}\gamma^2 + c^4 \operatorname{Cos}\gamma^2}{a^2 \operatorname{Sin}\gamma^2 + c^2 \operatorname{Cos}\gamma^2}$$

$$= \frac{a^2 (a^2 + c^2) \operatorname{Sin}\gamma^2 + c^2 (a^2 + c^2) \operatorname{Cos}\gamma^2}{a^2 \operatorname{Sin}\gamma^2 + c^2 \operatorname{Cos}\gamma^2}$$

$$= \frac{(a^2 + c^2)(a^2 \operatorname{Sin}\gamma^2 + c^2 \operatorname{Cos}\gamma^2)}{a^2 \operatorname{Sin}\gamma^2 + c^2 \operatorname{Cos}\gamma^2}$$ oder

$$\alpha^2 + \beta^2 = a^2 + c^2.$$

§. 98. Lehrsatz. Das Product coordinirter Durchmesser jeder Ellipse, in den Sinus des Winkels den beide bilden, ist unveränderlich, d. h. es ist, wenn ϱ den Winkel beider coordinirter Durchmesser bezeichnet, $2\alpha . 2\beta . \operatorname{Sin}\varrho = 2a . 2c . \operatorname{Sin} 90°$, oder $\alpha\beta \operatorname{Sin}\varrho = ac$.

Beweis. Es ist (Fig. 23.) $\varrho = \delta + \gamma$ oder $=$ $(180 - \delta - \gamma)$, also $\operatorname{Sin}\varrho = \operatorname{Sin}(\delta + \gamma)$

$$= \operatorname{Sin}\delta \operatorname{Cos}\gamma + \operatorname{Cos}\delta \operatorname{Sin}\gamma = \frac{\operatorname{Tg}\delta \operatorname{Cos}\gamma + \operatorname{Sin}\gamma}{\operatorname{Sec}\delta}$$

$$= \frac{\frac{c^2}{a^2}\operatorname{Cotg}\gamma \operatorname{Cos}\gamma + \operatorname{Sin}\gamma}{\operatorname{Sec}\delta} \text{ (§. 93. II.) } = \frac{a^2 \operatorname{Sin}\gamma^2 + c^2 \operatorname{Cos}\gamma^2}{a^2 \operatorname{Sin}\gamma \operatorname{Sec}\delta}$$

$$= \frac{a^2 c^2}{\alpha^2 a^2 \operatorname{Sin}\gamma \operatorname{Sec}\delta} \text{ (§. 93. I.) } = \frac{c^2}{\alpha^2 \operatorname{Sin}\gamma \operatorname{Sec}\delta}.$$

Aus den Formeln für α^2 und β^2 in §. 93., folgt aber $\frac{\beta^2}{\alpha^2} = \frac{a^4 \operatorname{Sin}\gamma^2 + c^4 \operatorname{Cos}\gamma^2}{a^2 c^2}$, und hieraus $a^4 \operatorname{Sin}\gamma^2 + c^4 \operatorname{Cos}\gamma^2$ $= \frac{a^2 c^2 \beta^2}{\alpha^2}$; ferner aus (II. §. 93.) $\operatorname{Tg}\delta^2 = \operatorname{Sec}\delta^2 - 1$ $= \frac{c^4 \operatorname{Cos}\gamma^2}{a^4 \operatorname{Sin}\gamma^2}$; folglich $\operatorname{Sec}\delta^2 = \frac{a^4 \operatorname{Sin}\gamma^2 + c^4 \operatorname{Cos}\gamma^2}{a^4 \operatorname{Sin}\gamma^2}$; und also, den Werth für $a^4 \operatorname{Sin}\gamma^2 + c^4 \operatorname{Cos}\gamma^2$ nemlich $\frac{a^2 c^2 \beta^2}{\alpha^2}$ substituirt, $\operatorname{Sec}\delta^2 = \frac{a^2 c^2 \beta^2}{a^4 \alpha^2 \operatorname{Sin}\gamma^2}$; woraus $\operatorname{Sin}\gamma . \operatorname{Sec}\delta = \frac{c\beta}{a\alpha}$ folgt. Wird nun dieser Werth für $\operatorname{Sin}\gamma \operatorname{Sec}\delta$ in $\operatorname{Sin}\varrho$ $= \frac{c^2}{\alpha^2 \operatorname{Sin}\gamma \operatorname{Sec}\delta}$ gesetzt, so ergiebt sich $\operatorname{Sin}\varrho = \frac{c^2}{\alpha^2 . \frac{c\beta}{a\alpha}} = \frac{ac}{\alpha\beta}$; und also ist $\alpha\beta \operatorname{Sin}\varrho = ac$.

§. 99. **Aufgabe.** Den Inhalt der elliptischen Ebene durch die beiden Achsen 2a und 2c zu bestimmen.

Auflösung. Es sei ABC (Fig. 24.) ein elliptischer Quadrant, AB = a; BC = c; ABD ein dem Halbmesser AB = BD = a zugehöriger Kreis-Quadrant; die Linien FEN und GHK parallel mit BCD, und ihre Entfernung FG unendlich klein, so kann sowohl der Streifen GFEH, als auch der FGNK als ein Trapez betrachtet werden, und es ist

$$GFEH = \frac{EF + GH}{2} . GF;\quad GFNK = \frac{FN + GK}{2} . GF; \text{ also}$$

$$GFEH : GFNK = EF + GH : FN + GK.$$

Nach §. 87. verhält sich aber FE : FN = c : a und GH : GK = c : a, und hieraus folgt (nach §. 159. Arithm. Erst. Bd.) FE + GH : FN + GK = c : a. Man hat daher auch GFEH : GFNK = c : a, und da diese Proportion gültig bleibt, wo man auch diese zusammengehörigen Streifen nimmt, so folgt (nach §. 159. Arithm. Erst. Bd.), daß auch

Ebene ABC : Ebene ABD = c : a; oder

Ebene ABC : $\frac{a^2\pi}{4}$ = c : a ist; und aus dieser Proportion erhält man den elliptischen Quadranten ABC = $\frac{ac\pi}{4}$, und folglich die ganze elliptische Ebene = $ac\pi$ = der mittleren geometrischen Proportional-Ebene zwischen den Kreis-Ebenen, zu den Durchmessern 2a und 2c.

§. 100. Zusatz. Sind 2 coordinirte Durchmesser 2α und 2β, und der Winkel ϱ den sie bilden gegeben, und soll durch α, β und ϱ der Inhalt der elliptischen Ebene ausgedrückt werden, so erhält man denselben (nach §. 98.)

$$= \alpha\beta \operatorname{Sin} \varrho \,.\, \pi.$$

§. 101. Aufgabe. Den körperlichen Inhalt einer durch Umdrehung der Ellipse um eine ihrer Achsen erzeugten Ellipsoide, durch die beiden Achsen 2a, 2c auszudrücken.

Auflösung. Ist ABC (Fig. 24.) ein elliptischer Quadrant, AB = a; BC = c; ABD ein dem Halbmesser AB = BD = a zugehöriger Kreis-Quadrant; die Linien FEN, GHK parallel mit BCD, und ihre Entfernung FG unendlich klein, so kann, wenn man sich die Ebene ABD um AB ganz herum gedreht vorstellt, sowohl der Körper P, welchen der Streifen GFEH, als auch der Q, welchen der Streifen GFNK erzeugt, als ein abgekürzter Kegel betrachtet werden, und es ist daher der Inhalt $P = \frac{\pi . GF}{3} . [FE^2 + GH^2 + FE . GH]$, und der $Q = \frac{\pi . GF}{3} . [FN^2 + GK^2 + FN . GK]$ (§. 241. Geometrie Erst. Bd.), oder, weil $FN = \frac{a}{c} . FE$; $GK = \frac{a}{c} . GH$ ist,

$$Q = \frac{\pi . GF}{3} \left[\frac{a^2}{c^2} . FE^2 + \frac{a^2}{c^2} . GH^2 + \frac{a}{c} . FE . \frac{a}{c} GH\right]$$

$$= \frac{\pi . GF}{3} . \frac{a^2}{c^2} . [FE^2 + GH^2 + FE . GH].$$

Durch Division entsteht nun sogleich

$$P : Q = 1 : \frac{a^2}{c^2} = c^2 : a^2,$$

und da diese Proportion gültig bleibt, wo man auch die zusammengehörigen Streifen wählt, so ist also (nach §. 159. Arithm. Erst. Bd.) auch: der Inhalt der halben Ellipsoide : Inhalt der Halbkugel $= c^2 : a^2$; folglich, weil der Inhalt der Halbkugel $= \frac{2}{3} a^3 \pi$ (§. 254. 2. Geom. Erst. Bd.) ist, der Inhalt der halben Ellipsoide $= \frac{2}{3} a c^2 \pi$, und folglich der der ganzen $= \frac{4}{3} a c^2 \pi$.

§. 102. Zusatz. Verwechselt man a mit c, so giebt die Formel (§. 101.) den Inhalt der Ellipsoide, welche durch Umdrehung um die kleine Achse 2c entsteht, nemlich $\frac{4}{3} a^2 c \pi$.

Aus beiden Formeln erhellet, daß der Inhalt jeder Ellipsoide gleich $\frac{2}{3}$ des zugehörigen Cylinders ist.

§. 103. Zusatz. Die Bestimmung der Länge des elliptischen Quadranten, oder überhaupt jedes elliptischen Bogens, erfordert Integral-Rechnung, und führt, auch mit ihrer Hülfe, nur durch unendliche Reihen annähernd zum Ziel. Auf folgendem Wege läßt sich ohngefähr die Länge des Quadranten einfach bestimmen. Es sei AB $=$ a (Fig. 25.); BC $=$ c; $\angle ABC = R$; AC der zugehörige elliptische Quadrant; man denke sich CD $=$ CE sehr klein, auch AF $=$ AG sehr klein, jedoch so gewählt, daß BD : BC : BE $=$ BF : BA : BG ist, betrachte GE als den elliptischen Quadranten zu BG und BE; FD als den zu den halben Achsen BF und BD, so sind die 3 elliptischen Quadranten ähnlich (§. 85.) und (nach §. 99.), die Ebene $GBE = \frac{BG.BE.\pi}{4}$; die $FDB = \frac{BF.BD.\pi}{4}$; also die Ring-Ebene zwischen GE und FD $= \frac{BG.BE - BF.BD}{4}\pi$.

Es läßt sich aber diese Ring-Ebene näherungsweise auch dadurch ausdrücken, daß man die zu bestimmende Länge x der centrischen krummen Linie AC mit dem arithmetischen Mittel der Breiten GF und ED, also mit $\frac{GF + ED}{2} = AF + CD$ multiplicirt, und man hat also die Gleichung $x.(AF + CD) = \frac{BG.BE - BF.BD}{4}.\pi$; und hieraus

$$x = \frac{BG.BE - BF.BD}{4(AF + CD)}.\pi.$$

Wird nun CD $=$ CE durch p ausgedrückt, so hat man $c : c \pm p = a : a \pm AF$; und hieraus $AF = AG = \frac{a}{c}.p$; also $BG = a + \frac{a}{c}p = \frac{a}{c}(c + p)$; $BF = a - \frac{a}{c}p = \frac{a}{c}(c - p)$; $BE = c + p$; $BD = c - p$; folglich, wenn diese Werthe substituirt werden

$$x = \frac{\frac{a}{c}(c+p)^2 - \frac{a}{c}(c-p)^2}{4\left[\frac{a}{c}p + p\right]}\pi = a.\frac{4pc}{4(a+c)p}\pi; \text{ oder}$$

$$x = \frac{ac}{a+c}.\pi.$$

Eine 2te Methode der ohngefähren Bestimmung ist die; daß man x als das arithmetische Mittel der beiden zu a und c als Halbmesser gehörigen Quadranten betrachtet. Diese Ansicht giebt $x = \frac{a + c}{4} \pi$. Je weniger verschieden a und c sind, desto mehr nähern sich diese Formeln der Wahrheit.

§. 104. Zusatz. Für die Inhalte der gewölbten Oberflächen von Ellipsoiden sind die Formeln nur durch Integral-Rechnung zu bestimmen. Sie liefert die gewölbte Oberfläche, welche durch Umdrehung der elliptischen Ebene zu den Achsen 2a und 2c, um die größere derselben, um 2a erzeugt wird,

$$= 2\pi c^2 + \frac{2\pi a^2 c}{e} . \varphi,$$

in welcher Formel e die Excentricität (§. 91.) bezeichnet, und unter φ der Kreisbogen für den Halbmesser 1 im Längenmaaß zu verstehen ist, für welchen $\text{Cos}\, \varphi = \frac{c}{a}$ ist. Für die gewölbte Oberfläche aber, welche durch Umdrehung um 2c entsteht, giebt sie

$$2\pi a^2 + \frac{2\pi a c^2}{e} \text{Ln} \frac{e + a}{c}; \text{ oder}$$

$$2\pi a^2 + \frac{2\pi a c^2}{e} . 2{,}302585 . \overset{10}{\text{Log}} \frac{e + a}{c}.$$

§. 105. Aufgaben zur Uebung der Gesetze von der Ellipse.

I. Durch einen außerhalb einer Ellipse in ihrer Ebene gegebenen Punct Tangenten an die Ellipse zu bilden.

Es sei Fig. 26. die Ellipse, AB = 2a ihre große, 2c ihre kleine Achse, D der gegebene Punct, DE = h normal auf 2a; BE = b; FDG eine der beiden verlangten Tangenten durch D; FK = y die Ordinate des Berührungspunctes, $MK = u$ die zugehörige Abscisse aus dem Mittelpunct M, so ist $MG = \frac{a^2}{u}$ (§. 89.); also $EG = MG - ME = \frac{a^2}{u} - a - b$; ferner $Tg\,FGM = \frac{c^2 u}{a^2 y}$ (§. 89.); also da $EG . Tg\,FGM = ED$ ist, wenn man die Werthe setzt, $\left[\frac{a^2}{u} - a - b\right]\frac{c^2 u}{a^2 y} = h$; oder $a^2 c^2 - (a+b)c^2 u = a^2 h . \frac{c}{a} . \sqrt{a^2 - u^2}$; oder auch $[a^2 c - (a+b) c u]^2 = a^2 h^2 [b^2 - u^2]$; und hieraus

$$u = a^2 . \frac{c^2 (a+b) \pm h \sqrt{a^2 h^2 + b^2 c^2 + 2 a b c^2}}{c^2 (a+b)^2 + a^2 h^2}.$$

Beispiele. 1) Ist $a = 6$; $b = 2$; $h = 3$; $c = 4$; so wird $u = 2{,}6763$ für die Tangente in der Figur, und auch $u = 4{,}1604$ für die Tangente, welche unterhalb AB berührt.

2) Ist $h = 0$, d. h. liegt D in E, so wird $u = \frac{a^2}{a+b}$, woraus folgende einfache Construction folgt: man beschreibe über ME einen Halbkreis, trage aus M, MB als Sehne in denselben ab, und fälle aus dem Endpunct derselben eine Normale auf AB, so ist der Punct, wo sie die Ellipse schneidet, der Berührungspunct.

II. Zwei coordinirte Durchmesser der Ellipse 2α und 2β bilden den Winkel ϱ; man soll die beiden Achsen $2a$ und $2c$ durch α, β und ϱ ausdrücken.

Nach §. 97. und 98. hat man zu Bestimmung von a und c die beiden Gleichungen $a^2 + c^2 = \alpha^2 + \beta^2$ und $ac = \alpha\beta \operatorname{Sin}\varrho$; die 2te mit 2 multiplicirt, und einmal zur ersten addirt, das andremal aber subtrahirt, giebt leicht $a + c = \sqrt{\alpha^2 + \beta^2 + 2\alpha\beta \operatorname{Sin}\varrho}$ und $a - c = \sqrt{\alpha^2 + \beta^2 - 2\alpha\beta \operatorname{Sin}\varrho}$, aus welchen beiden Gleichungen sich

$$a = \frac{\sqrt{\alpha^2 + \beta^2 + 2\alpha\beta \operatorname{Sin}\varrho} + \sqrt{\alpha^2 + \beta^2 - 2\alpha\beta \operatorname{Sin}\varrho}}{2}$$ und

$$c = \frac{\sqrt{\alpha^2 + \beta^2 + 2\alpha\beta \operatorname{Sin}\varrho} - \sqrt{\alpha^2 + \beta^2 - 2\alpha\beta \operatorname{Sin}\varrho}}{2}$$ ergiebt.

Ist $\alpha = 7$; $\beta = 5$; $\varrho = 30°$; so findet man $a = 8{,}3426$; $c = 2{,}0977$.

III. Der Inhalt eines durch Umdrehung um die Achse $2a$ erzeugten Ellipsoides ist $= 200\ C'$; das Verhältniß beider Achsen $= 3:2$; man soll die Größe dieser Achsen $2a$, $2c$ und den Inhalt der elliptischen Ebene bestimmen.

Die Gleichungen sind: $\frac{4}{3}ac^2\pi = 200$ und $a:c = 3:2$; aus ihnen folgt $c = \sqrt[3]{\frac{100}{\pi}} = 3{,}1692\ldots$; $a = \frac{3}{2}.\sqrt[3]{\frac{100}{\pi}} = 4{,}7538\ldots$ und der Inhalt $= ac\pi = 15.\sqrt[3]{10\pi} = 47{,}3305\ldots$

IV. Ein prismatisches Gefäß, dessen Grundebene eine Ellipse ist, hat die kleine Achse der Ellipse zur Höhe und den Cubic-Inhalt P; der Inhalt der Grundebene ist $= F$; wie groß sind die beiden Achsen $2a$ und $2c$?

Die Gleichungen sind: $ac\pi . c = P$ und $ac\pi = F$; und hieraus folgt $c = \frac{P}{F}$; $a = \frac{F^2}{P\pi}$.

V. Die Excentricität einer Ellipse sei $= e$; der Inhalt der Ebene $= F$; wie groß sind die beiden Achsen $2a$ und $2c$?

Die Gleichungen sind $a^2 - c^2 = e^2$ und $ac\pi = F$, und aus ihnen folgt $a = \sqrt{\frac{e^2}{2} + \sqrt{\left(\frac{e^2}{2}\right)^2 + \left(\frac{F}{\pi}\right)^2}}$;

$c = \sqrt{-\frac{e^2}{2} + \sqrt{\left(\frac{e^2}{2}\right)^2 + \left(\frac{F}{\pi}\right)^2}}$.

Des neunten Kapitels dritte Abtheilung.

Von der Hyperbel insbesondere.

§. 106. Lehrsatz. Denkt man sich alle Seiten des Kegels (Fig. 9.) jenseits der Spitze A verlängert, so daß diese Verlängerungen einen neuen ähnlichen Kegel bilden, der auf seiner Spitze A steht, und verbreitet dann die Schnitt-Ebene der Hyperbel, so muß sie, wegen $\beta < 2\alpha$ (§. 65.), diesen 2ten Kegel ebenfalls schneiden, und diese Schnitt-Ebene ist dann eine mit ersterer congruente Hyperbel.

Beweis. Es stelle (Fig. 27.) ACD den Achsen-Durchschnitt des Kegels (Fig. 9.) dar, EF die Achse der Hyperbel in ihm; EE^1F^1 die Verlängerung derselben in der verbreiteten Ebene der Hyperbel, also E^1F^1 die Achse des Kegelschnitts in den zugehörigen Kegel AC^1D^1, β^1 den Winkel derselben mit der Seite AC^1, so ist in Beziehung auf das Dreieck AEE^1, $2\alpha > \angle E^1$, oder $2\alpha > \beta^1$, also der Kegelschnitt zur Achse E^1F^1 im Kegel AC^1D^1 auch eine Hyperbel. Wird nun $AE = h$ (wie §. 64.); $AE^1 = h^1$; jede Abscisse der untern Hyperbel, wie etwa $EF = x$, die zugehörigen normalen Ordinaten $= y$; jede Abscisse der obern Hyperbel, wie etwa $E^1F^1 = x^1$, und die zugehörigen normalen Ordinaten $= y^1$ gesetzt, so hat man nach §. 65.

$$y^2 = \frac{2\,h\,\mathrm{Sin}\,\alpha\,\mathrm{Sin}\,\beta}{\mathrm{Cos}\,\alpha}\,x + \frac{\mathrm{Sin}\,\beta\,\mathrm{Sin}\,(2\alpha-\beta)}{\mathrm{Cos}\,\alpha^2}\,.\,x^2 \text{ und}$$

$$(y^1)^2 = \frac{2h^1\,\mathrm{Sin}\,\alpha\,\mathrm{Sin}\,\beta^1}{\mathrm{Cos}\,\alpha}\,.\,x^1 + \frac{\mathrm{Sin}\,\beta^1\,\mathrm{Sin}\,(2\alpha-\beta^1)}{\mathrm{Cos}\,\alpha^2}\,.\,(x^1)^2.$$

Es ist aber im Dreieck AEE^1, $h^1\,\mathrm{Sin}\,\beta^1 = h\,\mathrm{Sin}\,\beta$ und $2\alpha = \beta + \beta^1$, also $\beta^1 = 2\alpha - \beta$ und $2\alpha - \beta^1 = \beta$; folglich

$$(y^1)^2 = \frac{2h \operatorname{Sin}\alpha \operatorname{Sin}\beta}{\operatorname{Cos}\alpha} \cdot x^1 + \frac{\operatorname{Sin}(2\alpha - \beta) \cdot \operatorname{Sin}\beta}{\operatorname{Cos}\alpha^2} \cdot (x^1)^2,$$

also, wenn man $x^1 = x$ nimmt, auch $y^1 = y$ demnach beide Hyperbeln congruent.

§. 107. Zusatz. Wird die Linie EE^1 (Fig. 27.) durch $2a$ bezeichnet, so hat man $2a : h = \operatorname{Sin} 2\alpha : \operatorname{Sin}(2\alpha - \beta)$, also $h = \frac{2a \operatorname{Sin}(2\alpha - \beta)}{\operatorname{Sin} 2\alpha}$, und setzt man diesen Werth für h in die Coordinaten-Gleichung der Hyperbel, so entsteht

$$y^2 = 2 \cdot \frac{a \operatorname{Sin}\beta \operatorname{Sin}(2\alpha - \beta)}{\operatorname{Cos}\alpha^2} \left[x + \frac{x^2}{2a}\right];$$

oder (die auch leicht durch Construction darzustellende Linie) $\frac{a \operatorname{Sin}\beta \operatorname{Sin}(2\alpha - \beta)}{\operatorname{Cos}\alpha^2}$ durch p ausgedrückt

$$\text{(I)} \quad y^2 = 2p\left[x + \frac{x^2}{2a}\right] \text{ oder auch}$$

$$\text{(II)} \quad y^2 = \frac{p}{a}[2ax + x^2].$$

Nimmt man die Abscissen aus dem Mittelpunct M der Linie $EE^1 = 2a$, und bezeichnet sie durch u, so ist für jede der beiden Hyperbeln $x = u - a$, und setzt man diesen Werth in die Gleichung (II), so erhält man

$$\text{(III)} \quad y^2 = \frac{p}{a}[u^2 - a^2].$$

§. 108. Zusatz. Denkt man sich eine Ellipse zur Achse $2a$ und zum Parameter p, so ist, unter $2c$ die andere Achse verstanden, nach §. 83. $c^2 = pa$, also $\frac{p}{a} = \frac{c^2}{a^2}$, und setzt man diesen Werth in (III), so folgt

$$\text{(IV)} \quad \begin{cases} y^2 = \frac{c^2}{a^2}[u^2 - a^2] \\ y^2 = \frac{c^2}{a^2}[2ax + x^2]. \end{cases}$$

§. 109. Erklärung. Der Mittelpunct M der Linie EE^1 heißt der Mittelpunct der zusammengehörigen congruenten Hyperbeln; $EE^I = 2a$ die Achse beider; p ihr Achsenparameter; 2c ihre Zwergachse. Die Ellipse zu den Achsen 2a und 2c heißt die Verbindungs-Ellipse beider zusammengehörigen Hyperbeln.

Ist $a = c$, so ist die Verbindungs-Ellipse ein Kreis, die Hyperbeln heißen gleichseitig, und die Gleichung wird $y^2 = 2ax + x^2$ oder auch $y^2 = u^2 - a^2$.

§. 110. Aufgabe. Für jeden Punct der hyperbolischen Curve die Tang., Subt., Norm. und Subn. zu bestimmen.

Auflösung. Es sei M (Fig. 28.) der Mittelpunct der Hyperbeln, $ME = a$; E also der Scheitelpunct der einen und EK der eine Ast dieser Hyperbel; G ein beliebiger Punct in EK; GF normal auf die Richtung der Achse 2a; jede Abscisse, wie $MF_x = u$, die zugehörige normale Ordinate $= y$, GD die zu bestimmende Tangente in G; $MD = w$ und $\angle GEF = \alpha$ die beiden Unbekannten, durch welche die Lage der Tangente zur Abscisse MF bestimmt werden soll; $z = n + mu$ die Gleichung für die gerade DG, welche hier in $z = -w \, Tg\alpha + u \, Tg\alpha = [u - w] \, Tg\alpha$ übergeht, so muß für $u = MF$ auch $z = y$ werden, also $[(u - w) \, Tg\alpha]^2 = \frac{c^2}{a^2}[u^2 - a^2]$ (§. 108. IV.) sein. Diese Gleichung geordnet, giebt

$$[a^2 Tg\alpha^2 - c^2]u^2 - 2a^2 w Tg\alpha^2 . u + a^2 w^2 Tg\alpha^2 + a^2 c^2 = 0,$$

und da sie nur einen Werth für u liefern soll, so folgt nach §. 62. 1.

$$4a^4 w^2 Tg\alpha^4 = 4[a^2 Tg\alpha^2 - c^2] a^2 [w^2 Tg\alpha^2 + c^2] \text{ und}$$

$$u = \frac{a^2 w \, Tg\alpha^2}{a^2 Tg\alpha^2 - c^2}.$$

Aus beiden Gleichungen erhält man aus der ersten $c^2 = [a^2 - w^2] \, Tg\alpha^2$, und aus der 2ten $c^2 u = a^2 [u - w] \, Tg\alpha^2$.

Der Quotient beider giebt $u = \frac{a^2[u-w]}{a^2-w^2}$, und hieraus folgt

1) $w = \frac{a^2}{u}$, und dann hat man auch

$$Tg\,\alpha^2 = \frac{c^2 u^2}{a^2[u^2-a^2]} = \frac{c^4 u^2}{a^4 y^2_n},$$ oder

2) $Tg\,\alpha = \frac{c^2 u}{a^2 y}$.

Nun folgt sogleich $Subt = DF = u - w$, oder

(I) $Subt = \frac{u^2-a^2}{u} = \frac{a^2 y^2}{c^2 u}$;

(II) $Tang = \frac{y}{cu}\sqrt{[a^2+c^2]u^2-a^4}$.

Ferner $FH = Subn = GF \,.\, Tg\,FGH = y \,.\, Tg\,\alpha$, oder

(III) $Subn = \frac{c^2}{a^2}.u$ und

(IV) $Norm = \frac{c}{a^2}.\sqrt{[a^2+c^2]u^2-a^4}$.

§. 111. Zusatz. Errichtet man in E die Normale EL auf ME, bis sie die Tangente des Punctes G in L schneidet, so wird $EL = DE \,.\, Tg\,\alpha = [a-w] \,.\, \frac{c^2 u}{a^2 y} = \left[a - \frac{a^2}{u}\right]\frac{c^2 u}{a^2 y} = \frac{c^2[u-a]}{c\sqrt{u^2-a^2}} = c.\sqrt{\frac{u-a}{u+a}}$.

Aus $w = \frac{a^2}{u}$ erhellet, daß für jeden Werth von u die zugehörige Tangente immer zwischen E und M einschneidet, aber dem Punct M desto näher, je größer u ist. Für u = unendlich groß wird erst $w = MD = \frac{a^2}{u}$ unendlich klein oder Null, d. h. die Tangente eines unendlich weit entfernten Punctes der hyperbolischen Linie, oder die Asymptote der Hyperbel schneidet die Achse im Mittelpunct M. Da nun ferner

$$EL = c.\sqrt{\frac{u-a}{u+a}} = c.\sqrt{\frac{1-\frac{a}{u}}{1+\frac{a}{u}}},$$ und, für $u = \infty$,

$\frac{a}{u} = 0$ ist, so wird die Normale in E auf ME bis zur Asymptote $= c\sqrt{1} = c$. Macht man daher ER $= c$ und zieht MR, so ist MR eine Asymptote der Hyperbel, und es wird $\text{Tg}\,EMR = \frac{c}{a}$.

§. 112. Lehrsatz. Jede Tangente einer Hyperbel verlängert, bis zu beiden Asymptoten derselben, bildet mit ihnen ein Dreieck, dessen Inhalt unveränderlich $= a \cdot c$ ist, wenn a und c die Bedeutung §. 108. haben.

Beweis. Ist (Fig. 29.) HEI eine Hyperbel, E ihr Scheitelpunct, EK ihre Achse, EM $= a$, also M der Mittelpunct der zusammengehörigen Hyperbeln; RB in E normal durch MK und ER $=$ EB $= c$, also MR und MB die Asymptoten dieser Hyperbel (§. 111.), ferner AGDC die Tangente des Punctes G zur Abscisse MF $= u$ und normalen Ordinate FG $= y$ gehörig, und verlängert bis zu den Durchschnittspuncten A, C mit den Asymptoten, so ist zu beweisen, das Dreieck ACM $=$ RBM $= ac$ ist. Bezeichnet man den Winkel KMA $=$ KMB durch β; den KDA durch α; so ist $\text{Tg}\,\beta = \frac{c}{a}$ (§. 111.) und $\text{Tg}\,\alpha = \frac{c^2 u}{a^2 y}$; ferner MD $= \frac{a^2}{u}$ (§. 110.); also der Inhalt des Dreiecks MDA (§. 297. Geom. Erst. Bd.) $= \frac{MD^2 . \text{Sin}\,\alpha\,\text{Sin}\,\beta}{2\,\text{Sin}\,(\alpha-\beta)}$, und der von MDC $= \frac{MD^2 . \text{Sin}\,\alpha\,\text{Sin}\,\beta}{2\,\text{Sin}\,(\alpha+\beta)}$, folglich ACM $=$ der Summe $= \frac{a^4\,\text{Sin}\,\alpha\,\text{Sin}\,\beta}{2u^2}\left[\frac{1}{\text{Sin}\,(\alpha-\beta)} + \frac{1}{\text{Sin}\,(\alpha+\beta)}\right]$

$$= \frac{a^4}{u^2} \cdot \frac{\text{Sin}\,\alpha^2\,\text{Sin}\,\beta\,\text{Cos}\,\beta}{\text{Sin}\,(\alpha+\beta)\,\text{Sin}\,(\alpha-\beta)}$$

$$= \frac{a^4}{u^2} \cdot \frac{\text{Sin}\,\alpha^2\,\text{Sin}\,\beta\,\text{Cos}\,\beta}{(\text{Sin}\,\alpha\,\text{Cos}\,\beta + \text{Cos}\,\alpha\,\text{Sin}\,\beta)(\text{Sin}\,\alpha\,\text{Cos}\,\beta - \text{Cos}\,\alpha\,\text{Sin}\,\beta)}$$

$$= \frac{a^4}{u^2} \cdot \frac{\text{Tg}\,\alpha_2 . \text{Tg}\,\beta}{(\text{Tg}\,\alpha + \text{Tg}\,\beta)(\text{Tg}\,\alpha - \text{Tg}\,\beta)} = \frac{a^4}{u^2} \cdot \frac{\text{Tg}\,\alpha^2 . \text{Tg}\,\beta}{\text{Tg}\,\alpha^2 - \text{Tg}\,\beta^2} =$$

$$\frac{a^4}{u^2} \cdot \frac{c^4 u^2 . c}{a^4 y^2 a\left[\frac{c^4 u^2}{a^4 y^2} - \frac{c^2}{a^2}\right]} = \frac{a^3 c^5}{c^4 u^2 - a^2 c^2 y^2},$$ oder mit c^2 gehoben und $c^2 (u^2 - a^2)$ für $a^2 y^2$ geschrieben, Inhalt von $ACM = ac$.

§. 113. Lehrsatz. Wenn in Fig. 30. M der Mittelpunct beider dargestellten Hyperbeln ist; MR, MR^1 die Asymptoten sind, so daß also $ME = ME^1 = a$ und $ER = E^1R^1$ (normal auf die Achse 2a gedacht) $= c$ ist, und man beschreibt über der Achse aus M mit $MR = MR^1 = \sqrt{a^2 + c^2}$ einen Halbkreis, dessen Peripherie die Achse in B und B^1 schneidet, so ist für jeden Punct G jeder der beiden Hyperbeln, wenn man B^1G, BG und in G die Tangente GD sich denkt; 1stens $B^1G - BG = 2a$ und 2tens $\angle DGB^1 = DGB$.

Beweis. Bezeichnet y die Ordinate für G, u die zugehörige Absciſſe aus dem Mittelpunct M, e den Ausdruck $\sqrt{a^2 + c^2}$, so ist $B^1G^2 = (e + u)^2 + y^2 = e^2 + 2eu + u^2 + \frac{c^2}{a^2}(u^2 - a^2) = e^2 - c^2 + 2eu + \frac{a^2 + c^2}{a^2} u^2 = a^2 + 2eu + \frac{e^2}{a^2} u^2$; also $B^1G = a + \frac{e}{a} u$; eben so ist $BG^2 = (u - e)^2 + y^2 = u^2 - 2eu + e^2 + \frac{c^2}{a^2}(u^2 - a^2) = e^2 - c^2 - 2eu + \frac{a^2 + c^2}{a^2} u^2 = a^2 - 2eu + \frac{e^2}{a^2} u^2$; also BG entweder $= a - \frac{eu}{a}$ oder $= \frac{eu}{a} - a$; da aber für $u = a$; G in E fällt, also $BG = BE = e - a$ werden muß, so ist $BG = \frac{eu}{a} - a$, und es folgt dann sogleich:

1stens $B^1G - BG = 2a$.

Nun ist ferner $MD = \frac{a^2}{u}$ (§. 110.), folglich

$$B^1D = e + \frac{a^2}{u} = \frac{a^2 + eu}{u}$$ und

$$BD = e - \frac{a^2}{u} = \frac{eu - a^2}{u}; \text{ also}$$

$B^1D : DB = eu + a^2 : eu - a^2$. Aus

$B^1G = a + \frac{e}{a} u = \frac{eu + a^2}{a}$ und $BG = \frac{eu}{a} - a = \frac{eu - a^2}{a}$

folgt aber auch:

$B^1G : BG = eu + a^2 : eu - a^2$, und also ist

$B^1D : DB = B^1G : GB$; folglich (§. 73. Geom. I. Bd.)

2tens $\angle B^1GD = DBG$.

§. 114. Zusatz. Nach §. 113. ist es leicht, zu a und c die Hyperbel, und für jeden Punct derselben die Tang. und Norm. zu construiren. Macht man nemlich $ME = ME^1 = a$ (Fig. 30.); $ER = ER^1$ (normal auf E^1E) $= c$; $MB = MB^1 = MR = MR^1$, wählt in der verlängerten Achse mehrere Puncte L, und beschreibt aus B mit EL und aus B^1 mit E^1L Kreisbogen, so ist ihr Durchschnittspunct P ein Punct der Hyperbel, weil $E^1L - EL = 2a$ ist, zieht man dann BP und B^1P, und halbirt den Winkel BPB^1 durch PQ, so ist PQ die Tangente in P, und die Normale auf PQ in P wird die Normale des Punctes P.

§. 115. Aufgabe. Es sei (Fig. 29.) MA die Asymptote des hyperbolischen Astes EGH und $\angle KMG$ kleiner als Winkel KMA, also MG eine die Hyperbel schneidende Linie; man soll durch $ME = a$, $ER = c$ und $\angle KMG = \delta$; die Abscisse $MF = u$ des Punctes G, die zugehörige Ordinate $FG = y$; die Tangente GD des Punctes G; die Länge von GM und $GDF = \gamma$ ausdrücken.

Auflösung. Es ist $u \operatorname{Tg} \delta = y = \frac{c}{a} \sqrt{u^2 - a^2}$ und hieraus

$$(I) \quad u^2 = \frac{a^2 c^2}{c^2 - a^2 \operatorname{Tg} \delta^2} = \frac{a^2 c^2 \operatorname{Cos} \delta^2}{c^2 \operatorname{Cos} \delta^2 - a^2 \operatorname{Sin} \delta^2}.$$

Ferner aus $y^2 = u^2 \mathrm{Tg}\,\delta^2$ den Werth für u^2 substituirt

$$\text{(II)} \quad y^2 = \frac{a^2 c^2 \operatorname{Sin}\delta^2}{c^2 \operatorname{Cos}\delta^2 - a^2 \operatorname{Sin}\delta^2}.$$

Nun $GD^2 = DF^2 + FG^2 = \left[\frac{a^2 y^2}{c^2 u}\right]^2 + y^2$ (§. 110.) $= \left[\frac{a^4}{c^4} \cdot \frac{y^2}{u^2} + 1\right] y^2$, oder den Werth für y^2 aus (II) substituirt

$$\text{(III)} \quad GD^2 = \frac{a^2 \operatorname{Sin}\delta^2}{c^2 \operatorname{Cos}\delta^2} \cdot \frac{c^4 \operatorname{Cos}\delta^2 + a^4 \operatorname{Sin}\delta^2}{c^2 \operatorname{Cos}\delta^2 - a^2 \operatorname{Sin}\delta^2};$$

oder, die Linie $\frac{c \operatorname{Cos}\delta}{a \operatorname{Sin}\delta} . GD$ durch β bezeichnet,

$$\text{(IV)} \quad \beta^2 = \frac{c^4 \operatorname{Cos}\delta^2 + a^4 \operatorname{Sin}\delta^2}{c^2 \operatorname{Cos}\delta^2 - a^2 \operatorname{Sin}\delta^2}.$$

Dann ist auch, GM durch α ausgedrückt, $\alpha \operatorname{Sin}\delta = y$; folglich

$$\text{(V)} \quad \alpha^2 = \frac{a^2 c^2}{c^2 \operatorname{Cos}\delta^2 - a^2 \operatorname{Sin}\delta^2};$$

endlich $DF\,\mathrm{Tg}\,\gamma = y$; also $\mathrm{Tg}\,\gamma = y : \frac{a^2 y^2}{c^2 u}$ (§. 110. $= \frac{c^2 u}{a^2 y}$ oder

$$\text{(VI)} \quad \mathrm{Tg}\,\gamma = \frac{c^2}{a^2} \operatorname{Cotg}\delta,$$

woraus auch $a^2 \operatorname{Sin}\gamma \operatorname{Sin}\delta = c^2 \operatorname{Cos}\gamma \operatorname{Cos}\delta$ folgt.

§. 116. Lehrsatz. Jede durch den Mittelpunct M und irgend einen Punct G der hyperbolischen Linie gelegte und verlängerte Linie MG (Fig. 29.) theilt alle Sehnen der Hyperbel, welche mit der Tangente GD in G parallel laufen, in zwei gleiche Theile, ist also ein Durchmesser der Hyperbel.

Beweis. Ist $ML = v$ irgend eine Abscisse, die zugehörige mit GD parallele Ordinate $LH = z$, so ist zu zeigen, daß die Gleichung zwischen v und z, in Beziehung auf z, eine reine quadratische ist, so daß zu jedem v zwei gleiche, aber entgegengesetzt liegende Ordinaten gehören. Fällt man zu dem Ende die Normale HK auf MK, so ist,

ist, wenn man sich aus L eine Parallele mit MK bis in HK und eine Normale auf MK denkt, den Winkel FMG durch δ, den FDG durch γ bezeichnet, $HK = z \operatorname{Sin} \gamma + v \operatorname{Sin} \delta$ und $MK = z \operatorname{Cos} \gamma + v \operatorname{Cos} \delta$; folglich, wenn diese Werthe in die Gleichung $HK^2 = \frac{c^2}{a^2}[MK^2 - a^2]$ gesetzt werden,

$$a^2 . [z \operatorname{Sin} \gamma + v \operatorname{Sin} \delta]^2 = c^2 [(z \operatorname{Cos} \gamma + v \operatorname{Cos} \delta)^2 - a^2],$$

woraus folgende geordnete Gleichung entspringt:

$$[c^2 \operatorname{Cos} \gamma^2 - a^2 \operatorname{Sin} \gamma^2] z^2 + 2[c^2 \operatorname{Cos} \gamma \operatorname{Cos} \delta - a^2 \operatorname{Sin} \gamma \operatorname{Sin} \delta] vz$$
$$+ [c^2 \operatorname{Cos} \delta^2 - a^2 \operatorname{Sin} \delta^2] v^2 - a^2 c^2 = 0,$$

welche nach §. 115. VI. in folgende

$$[c^2 \operatorname{Cos} \gamma^2 - a^2 \operatorname{Sin} \gamma^2] z^2 + [c^2 \operatorname{Cos} \delta^2 - a^2 \operatorname{Sin} \delta^2] v^2 - a^2 c^2 = 0$$

übergeht, also die behauptete Eigenschaft hat.

§. 117. Zusatz. Es ist $c^2 \operatorname{Cos} \gamma^2 - a^2 \operatorname{Sin} \gamma^2 =$

$$\frac{c^2 - a^2 \operatorname{Tg} \gamma^2}{\operatorname{Sec} \gamma^2} = \frac{c^2 - a^2 . \frac{c^4}{a^4} \operatorname{Cotg} \delta^2}{1 + \frac{c^4}{a^4} \operatorname{Cotg} \delta^2} \quad (\text{§. } 115. 6.)$$

$= - a^2 c^2 . \frac{c^2 \operatorname{Cos} \delta^2 - a^2 \operatorname{Sin} \delta^2}{c^4 \operatorname{Cos} \delta^2 + a^4 \operatorname{Sin} \delta^2}$, und substituirt man diesen Werth, so verwandelt sich die Gleichung in §. 116. in folgende:

$$a^2 c^2 \frac{c^2 \operatorname{Cos} \delta^2 - a^2 \operatorname{Sin} \delta^2}{c^4 \operatorname{Cos} \delta^2 + a^4 \operatorname{Sin} \delta^2} . z^2 - [c^2 \operatorname{Cos} \delta^2 - a^2 \operatorname{Sin} \delta^2] v^2$$
$$+ a^2 c^2 = 0, \text{ oder}$$

$$z^2 = \frac{c^4 \operatorname{Cos} \delta^2 + a^4 \operatorname{Sin} \delta^2}{a^2 c^2} v^2 - \frac{c^4 \operatorname{Cos} \delta^2 + a^4 \operatorname{Sin} \delta^2}{c^2 \operatorname{Cos} \delta^2 - a^2 \operatorname{Sin} \delta^2}.$$

Es ist aber aus §. 115.

$$\frac{\beta^2}{\alpha^2} = \frac{c^4 \operatorname{Cos} \delta^2 + a^4 \operatorname{Sin} \delta^2}{a^2 c^2} \text{ und } \beta^2 = \frac{c^4 \operatorname{Cos} \delta^2 + a^4 \operatorname{Sin} \delta^2}{c^2 \operatorname{Cos} \delta^2 - a^2 \operatorname{Sin} \delta^2},$$

folglich die Gleichung

$$z^2 = \frac{\beta^2}{\alpha^2} v^2 - \beta^2 \text{ oder}$$

$$(\text{I}) \quad z^2 = \frac{\beta^2}{\alpha^2} [v^2 - \alpha^2],$$

oder auch, $GL = w$ gesetzt und $\alpha + w$ für v geschrieben,

$$\text{(II)} \quad z^2 = \frac{\beta^2}{\alpha^2}[2\alpha w + w^2],$$

welche Gleichungen mit denen in §. 108. der Form nach vollkommen übereinstimmen.

Wird nun, um den Coordinaten-Winkel auch noch durch a, c und δ auszudrücken, derselbe, nemlich $\angle AGL = MGD = \mu$ gesetzt, so ist $MD : DG = \operatorname{Sin}\mu : \operatorname{Sin}\delta$ oder (nach §. 110. und 115.) $\frac{a^2}{u} : \beta . \frac{a \operatorname{Sin}\delta}{c \operatorname{Cos}\delta} = \operatorname{Sin}\mu : \operatorname{Sin}\delta$; und hieraus folgt

$$\text{(III)} \quad \operatorname{Sin}\mu^2 = \frac{c^2 \operatorname{Cos}\delta^2 - a^2 \operatorname{Sin}\delta^2}{\beta^2}.$$

Aus der Vergleichung der Formeln für β^2, α^2 (§. 115.) und (III) folgt nun auch noch leicht:

$$\text{(IV)} \quad \alpha^2 - \beta^2 = a^2 - c^2 \quad \text{und (V)} \quad \alpha\beta \operatorname{Sin}\mu = ac,$$

und man nennt, wegen der Aehnlichkeit dieser beiden Gesetze (IV) und (V), mit denen in §. 97. und 98. für die Ellipse 2α und 2β coordinirte Durchmesser der zusammengehörigen Hyperbeln.

§. 118. Lehrsatz. Verlängert man irgend eine Achsen-Ordinate der Hyperbel, etwa $FG = y$ (Fig. 29.), bis sie die Asymptote auf derselben Seite in N schneidet, und bezeichnet FN durch q, so ist allemal, unter c die halbe Zwergachse verstanden,

$$q^2 - y^2 = c^2.$$

Beweis. Drückt u die zu $FG = y$ und $FN = q$ gehörige, aus dem Mittelpunct M genommene Achsen-Abscisse MF aus, so ist $ME : ER = MF : FN$ oder $a : c = u : q$; also $q = \frac{cu}{a}$ und $q^2 = \frac{c^2 u^2}{a^2}$; folglich $q^2 - y^2 = \frac{c^2}{a^2} u^2 - \frac{c^2}{a^2}(u^2 - a^2)$ oder $q^2 - y^2 = c^2$.

§. 119. **Aufgabe.** Man soll die Coordinaten-Gleichung für die Hyperbel bilden, wenn die Abscissen x aus dem Mittelpunct auf einer Asymptote die zugehörigen Ordinaten y aber parallel mit der andern Asymptote genommen werden.

Auflösung. Es sei (Fig. 29.) M der Mittelpunct, MA die eine, MB die andere Asymptote, E der Scheitelpunct der Hyperbel, $ME = a$; $ER = EB$ (normal auf ME) $= c$; $MP = x$; PG (⫲ MB) $= y$; $\angle EMR = EMB = \alpha$; so ist $\triangle NPG \sim RMB$; also $PN = PG = y$ und $NG = 2y \operatorname{Sin} \alpha$; folglich $FN = (x + y) \operatorname{Sin} \alpha$ und $FG = (x + y) \operatorname{Sin} \alpha - 2y \operatorname{Sin} \alpha = (x - y) \operatorname{Sin} \alpha$; also $FN^2 - FG^2 = 4xy \operatorname{Sin} \alpha^2$. Nach §. 118. ist aber $FN^2 - FG^2 = c^2$; folglich $4xy \operatorname{Sin} \alpha^2 = c^2$. Nun ist oder $MR^2 = e^2 = a^2 + c^2$ (§. 113.) und $e \operatorname{Sin} \alpha = c$; daher $\operatorname{Sin} \alpha = \frac{c}{e}$ und also $4xy . \frac{c^2}{e^2} = c^2$ oder $xy = \left(\frac{e}{2}\right)^2$. Wird EQ ⫲ BM gezogen, so wird, weil $BE = ER$ ist, auch $MQ = QR = \frac{e}{2}$, und, weil $MB = MR$, auch $QE = QR$, also $QE = \frac{e}{2}$, und die Gleichung $xy = \left(\frac{e}{2}\right)^2$ kann daher auch durch $xy = QE^2$ ausgedrückt werden.

Man nennt $QE^2 = \left(\frac{e}{2}\right)^2$ die Potenz der **Hyperbel.**

§. 120. **Zusatz.** Die Bestimmung der Länge einer hyperbolischen Linie; die, des Quadrat-Inhalts einer hyperbolischen Ebene, so wie die der gewölbten Oberfläche eines hyperbolischen Konoids, erfordert Integral-Rechnung. Sie liefert, wenn die Abscisse $MF = u$ (Fig. 29.) die zugehörige normale Achsen-Ordinate $FG = y$ gesetzt wird, und die Buchstaben a, c, e ihre bisherige Bedeutung behalten, die Länge der Linie EG nur näherungsweise durch unendliche Reihen;

die Ebene EFG $= \frac{ac}{2}\left[\frac{u\sqrt{u^2-a^2}}{a^2} - Ln\frac{u+\sqrt{u^2-a^2}}{a}\right]$

$= \frac{ac}{2}\cdot\left[\frac{uy}{ac} - Ln\frac{cu+ay}{ac}\right]$;

die Ebene QEGP $= \frac{ac}{2} Ln\frac{2.MP}{e}$; und

die Oberfläche, welche EG bei der Umdrehung um EF beschreibt

$= \frac{\pi a^2 c}{e}\left[\frac{2eu\sqrt{e^2u^2-a^4}}{a^4} - \frac{ec}{a^2} - Ln\frac{eu+\sqrt{e^2u^2-a^4}}{a(c+e)}\right]$.

Für $a = 160$; $c = 80$; $u = 100$; wird sie $= 3790,14\ldots$

§. 121. **Aufgabe.** Es drehe sich die Ebene EKH ganz um EK; man soll den Inhalt W des entstehenden hyperbolischen Konoids bestimmen (Fig. 29.).

Auflösung. Man denke sich EK in n gleiche Theile, jeden $= t$ eingetheilt, setze die normalen Ordinaten der Hyherbel in den Mittelpuncten dieser Theile, nach der Folge von E gegen K $= \alpha, \beta, \gamma \ldots\ldots \varphi$; die der Asymptote MA in denselben Puncten $=$ A, B, C .... V; so ist, wenn man sich n unendlich groß, also t unendlich klein denkt:

$$W = \alpha^2\pi.t + \beta^2\pi.t + \ldots. + \varphi^2.\pi.t$$
$$= \pi t[\alpha^2 + \beta^2 + \ldots. + \varphi^2] \text{ zu setzen.}$$

Nach §. 118. ist aber $A^2 - \alpha^2 = B^2 - \beta^2 =$ u. s. w.

$$= V^2 - \varphi^2 = ER^2 = c^2; \text{ also}$$
$$W = \pi t[A^2 - c^2 + B^2 - c^2 + \ldots. + V^2 - c^2]$$
$$= \pi t[A^2 + B^2 + \ldots. + V^2] - \pi t.n.c^2.$$

Weil nun $\pi t[A^2 + B^2 + \ldots. + V^2]$ gleich dem Körper ist, welchen die Ebene EKSR bei der Umdrehung um EK beschreibt, und dieser Körper als abgekürzter Kegel den Inhalt $\frac{\pi . EK}{3} . [KS^2 + ER^2 + KS . ER]$ hat, ferner $t . n = EK$ ist, so erhält man

$$W = \frac{\pi . EK}{3} . [KS^2 + ER^2 + KS.ER] - \pi . EK . c^2;$$ oder

$EK = h$; $KS = b$ gesetzt,

$$W = \frac{\pi h}{3} . [b^2 + bc - 2c^2] = \frac{\pi h}{3} [b + 2c][b - c];$$ oder

auch, wenn $\frac{c}{a}(a + h)$ für b gesetzt wird,

$$W = \frac{\pi c^2 h^2}{3 a^2}(3a + h).$$

§. 122. Aufgaben zur Uebung der Gesetze von der Hyperbel.

I. Es ist ein Winkel $= 2\alpha$ gegeben, man soll zwischen den Schenkeln desselben die Curven angeben, für welche die Normalen aus jedem Punct derselben auf die beiden Schenkel, mit diesen Schenkeln ein Viereck einschließen, dessen Inhalt unveränderlich $= b^2$ ist.

Es sei BAD (Fig. 31.) $= 2\alpha$ der gegebene Winkel, BCD die gesuchte Curve, F ein beliebig gewählter Punct in ihr, FG normal auf AB, FH normal auf AD, so soll der Inhalt des Vierecks AHFG, wo auch F in BCD liegen mag, allemal $= b^2$ werden. Ist AK die den Winkel 2α halbirende Linie, FE normal auf AK, die Abscisse $AE = u$, die zugehörige normale Ordinate $EF = y$, so erhält man leicht, wenn aus E eine Normale auf FH und eine auf AD gefällt wird, $FH = u \operatorname{Sin} \alpha + y \operatorname{Cos} \alpha$; $AH = u \operatorname{Cos} \alpha - y \operatorname{Sin} \alpha$; und eben so $FG = u \operatorname{Sin} \alpha - y \operatorname{Cos} \alpha$; $AG = u \operatorname{Cos} \alpha + y \operatorname{Sin} \alpha$. Denkt man sich nun die Linie AF, so ist der Inhalt des Dreiecks $AFH = \frac{AH . HF}{2}$; und der von $AFG = \frac{AG.GF}{2}$; also die Bedingungs-Gleichung $\frac{AH.HF}{2} + \frac{AG.GF}{2} = b^2$. Werden in diese obige Werthe gesetzt, so entsteht, weil $\text{Sin}\,2\alpha = 2\,\text{Sin}\,\alpha\,\text{Cos}\,\alpha$ ist, die Gleichung

$$u^2\,\text{Sin}\,2\alpha - y^2\,\text{Sin}\,2\alpha = 2b^2, \text{ oder}$$

$$y^2 = u^2 - \frac{2b^2}{\text{Sin}\,2\alpha},$$

und es ist daher nach §. 109. die Curve BCD eine gleichseitige Hyperbel, für welche die halbe Achse $= \sqrt{\frac{2b^2}{\text{Sin}\,2\alpha}}$ ist. Wird diese, wie bisher durch a ausgedrückt, so ist die Gleichung

$$y^2 = u^2 - a^2.$$

Sie liefert $y = 0$ für $u = a$; also ist $AC = a$, und folglich C der Scheitelpunct, A der Mittelpunct der Hyperbel. Die Schneidungspuncte B und D ergeben sich, wenn zugleich $y = u\,\text{Tg}\,\alpha$; also

$$u^2\,\text{Tg}\,\alpha^2 = u^2 - a^2 \text{ ist, woraus die Abscisse}$$

$$u = AN = \frac{a}{\sqrt{1 - \text{Tg}\,\alpha^2}} = \frac{a\,\text{Cos}\,\alpha}{\sqrt{\text{Cos}\,2\alpha}}, \text{ und also}$$

$$NB = ND = AN\,\text{Tg}\,\alpha = \frac{a\,\text{Sin}\,\alpha}{\sqrt{\text{Cos}\,2\alpha}}$$ folgt, aus welchen Formeln auch noch hervorgeht, daß 2α spitz sein muß, wenn Schneidungspuncte statt finden sollen. Für $2\alpha = 90°$ werden AB und AD Asymptoten.

II. Zwischen den Schenkeln eines gegebenen Winkels $= 2\alpha$ die Curve zu finden, für welche, wenn man aus jedem Punct derselben Normalen auf die Schenkel von 2α fällt, und die Durchschnittspuncte derselben mit den Schenkeln durch eine gerade Linie verbindet, der Inhalt des entstehenden Dreiecks allemal $= b^2$ wird.

Wird Fig. 31. beibehalten, stellt BCD die Curve, F jeden Punct in ihr, FG, FH die Normalen auf die Schenkel von 2α vor, so soll, wenn man sich die gerade Linie GH denkt, der Inhalt des Dreiecks HFG allemal $= b^2$ werden. Nach der in I. gewählten und beizubehaltenden Zeichensprache ist $FH = u \operatorname{Sin} \alpha + y \operatorname{Cos} \alpha$; $FG = u \operatorname{Sin} \alpha - y \operatorname{Cos} \alpha$; und also, da Winkel $HFG = 180° - 2\alpha°$ ist, der Inhalt des Dreiecks $HFG = \frac{1}{2} HF.FG.\operatorname{Sin}(180 - 2\alpha)°$ (§. 297. Geom. I. Bd.) $= \frac{1}{2}[u^2 \operatorname{Sin} \alpha^2 - y^2 \operatorname{Cos} \alpha^2] \operatorname{Sin} 2\alpha$, folglich die Gleichung $\frac{1}{2}[u^2 \operatorname{Sin} \alpha^2 - y^2 \operatorname{Cos} \alpha^2] \operatorname{Sin} 2\alpha = b^2$, und aus ihr

$$y^2 = \frac{\operatorname{Sin} \alpha^2}{\operatorname{Cos} \alpha^2}\left[u^2 - \frac{b^2}{\operatorname{Sin} \alpha^3 \operatorname{Cos} \alpha}\right].$$

Die Curve ist daher eine Hyperbel, und bezeichnen wie bisher $2a$ und $2c$ ihre Achse und Zwergachse, so ist

$$a^2 = \frac{b^2}{\operatorname{Sin} \alpha^3 \operatorname{Cos} \alpha} \text{ und } \frac{c^2}{a^2} = \frac{\operatorname{Sin} \alpha^2}{\operatorname{Cos} \alpha^2} \text{ also}$$

$$c^2 = \frac{b^2}{\operatorname{Sin} \alpha \operatorname{Cos} \alpha^3}; \text{ folglich } y^2 = \frac{c^2}{a^2}(u^2 - a^2).$$

Es ist daher A der Mittelpunct, C der Scheitelpunct, $AC = a$, und aus $c = a \operatorname{Tg} \alpha$ folgt, daß AB und AD die Asymptoten dieser Hyperbel werden, welches Resultat auch daraus hervorgeht, daß die Gleichung

$$y^2 = \frac{\operatorname{Sin} \alpha^2}{\operatorname{Cos} \alpha^2}\left[u^2 - \frac{b^2}{\operatorname{Sin} \alpha^3 . \operatorname{Cos} \alpha}\right],$$

für u keinen Werth liefert, zu welchen $u \operatorname{Tg} \alpha = y$ ist, so daß also kein Schneidungspunct der Curve mit den Schenkeln statt finden kann.

III. In der Achse einer Hyperbel (Fig. 32.) ist ein Punct P, in der Entfernung $MP = h$ vom Mittelpunct M gegeben; a, c und also auch $e = \sqrt{a^2 + c^2}$ sind bekannt, man soll den Winkel x bestimmen, welchen eine durch P gelegte Sehne mit der Achse bilden muß, damit ihre Länge $= b$ werde.

Wird CP durch y, PD durch z ausgedrückt, so ist nach der Gleichung §. 108.

$$[y \operatorname{Sin} x]^2 = \frac{c^2}{a^2}[(h + y \operatorname{Cos} x)^2 - a^2] \text{ und}$$

$$[z \operatorname{Sin} x]^2 = \frac{c^2}{a^2}[(h - z \operatorname{Cos} x)^2 - a^2].$$

Aus der ersten folgt

$$y = \frac{h c^2 \operatorname{Cos} x}{a^2 \operatorname{Sin} x^2 - c^2 \operatorname{Cos} x^2} \pm \sqrt{\frac{h^2 c^4 \operatorname{Cos} x^2}{(a^2 \operatorname{Sin} x^2 - c^2 \operatorname{Cos} x^2)^2} + \frac{c^2 (h^2 - a^2)}{a^2 \operatorname{Sin} x^2 - c^2 \operatorname{Cos} x^2}};$$

und aus der zweiten

$$z = -\frac{h c^2 \operatorname{Cos} x}{a^2 \operatorname{Sin} x^2 - c^2 \operatorname{Cos} x^2} \pm \sqrt{\frac{h^2 c^4 \operatorname{Cos} x^2}{(a^2 \operatorname{Sin} x^2 - c^2 \operatorname{Cos} x^2)^2} + \frac{c^2 (h^2 - a^2)}{a^2 \operatorname{Sin} x^2 - c^2 \operatorname{Cos} x^2}}.$$

Es muß daher $y + z = b$ oder

$$\pm 2 . \sqrt{\frac{h^2 c^4 \operatorname{Cos} x^2}{(a^2 \operatorname{Sin} x^2 - c^2 \operatorname{Cos} x^2)^2} + \frac{c^2 (h^2 - a^2)}{a^2 \operatorname{Sin} x^2 - c^2 \operatorname{Cos} x^2}} = b$$

werden, und aus dieser Gleichung erhält man

$$\operatorname{Sin} x = \frac{c}{be^2}\sqrt{2a^2h^2 + b^2e^2 - 2a^2e^2 \pm 2a.\sqrt{a^2(h^2 - e^2)^2 + b^2e^2h^2}}.$$

Ist $a = 4$; $c = 3$; $h = 6$; $b = 40$; also $e = 5$; so erhält man $\operatorname{Sin} x = 0{,}6705416$ und auch

$$\operatorname{Sin} x = 0{,}5260322;$$

im ersten Fall $x = 42° \, 6' \, 32''$,

im zweiten $\quad x = 31° \, 44' \, 16''$.

Da nun aber der Winkel der Asymptote mit der Achse $= 36° \, 52'$ ist, so kann x nicht $31° \, 44' \, 15''$ sein, weil die unter diesen Winkel gelegte Linie nicht Sehne werden kann, man hat daher also $x = 42° \, 6' \, 32''$.

IV. Unter welchen gleichen Winkeln x mit der Achse muß man aus dem Mittelpunct 2 Durchmesser der Hyperbel (zu a und c) legen, damit, wenn man die Durchschnittspuncte derselben mit der Hyperbel durch eine gerade Linie verbindet, das Dreieck, welches diese Sehne und die beiden Durchmesser einschließen, den Inhalt b^2 erhält.

Ist (Fig. 33.) M der Mittelpunct, A der Scheitelpunct, $\angle AMB = AMC = x$; $MB = MC = z$; so soll der Inhalt des Dreiecks $MBC = b^2$ werden, und diese Bedingung giebt die Gleichung

$$\tfrac{1}{2} z^2 \operatorname{Sin} 2x = b^2.$$

Nun ist aber auch

$[z \operatorname{Sin} x]^2 = \frac{c^2}{a^2}[(z \operatorname{Cos} x)^2 - a^2]$, und hieraus

$z^2 = \frac{a^2 c^2}{c^2 \operatorname{Cos} x^2 - a^2 \operatorname{Sin} x^2}$; substituirt man diesen Werth in die Bedingungsgleichung, so entsteht

$\frac{a^2 c^2}{c^2 \operatorname{Cos} x^2 - a^2 \operatorname{Sin} x^2} . \operatorname{Sin} x \operatorname{Cos} x = b^2$; oder

$\frac{a^2 c^2 \operatorname{Tg} x}{c^2 - a^2 \operatorname{Tg} x^2} = b^2$, und hieraus folgt

$\operatorname{Tg} x = c . \frac{-ac + \sqrt{a^2 c^2 + 4b^4}}{2ab^2}$; welcher Ausdruck für jeden Werth von b kleiner ist wie die Tangente $\frac{c}{a}$ des Winkels, den die Asymptote mit der Achse bildet.

Des neunten Capitels vierte Abtheilung.

Vergleichung der Kegelschnitte durch eine allgemeine Coordinaten-Gleichung.

§. 123. **Aufgabe.** Es sei AC (Fig. 34.) ein Bogen eines Kegelschnitts, A sein Scheitelpunct, AB seine

Achse, C irgend ein Punct desselben zu den normalen Achsen-Coordinaten $AB = x$; $BC = y$ gehörig. Man soll die Gleichung für diesen Kegelschnitt für Abscissen $DE = u$ und Ordinaten $EC = z$ unter den Winkel ϱ darstellen, wenn DF als Abscissenlinie, D als Anfangspunct derselben gegeben, auch die Lage von DF gegen AB festgesetzt ist.

Auflösung. Ist die Lage von DF gegen AB durch $\angle DAB = \gamma$; $AD = h$ und $\angle ADF = \delta$ bestimmt, und man bildet sich aus D und E Parallellinien mit AB und durch sie Normalen aus C, A und E, so hat man CB $= CH - EK - AI$ und $AB = EH + DK - DI$ oder

$$y = z \operatorname{Sin} CEH - u \operatorname{Sin} EDK - h \operatorname{Sin} ADI \text{ und}$$

$$x = z . \operatorname{Cos} CEH + u \operatorname{Cos} EDK - h . \operatorname{Cos} ADI.$$

Es ist aber $\angle ADI = 180 - \gamma$; $EDK = \delta - (180 - \gamma) = \delta + \gamma - 180$; und $CEH = 180 - \varrho - EDK = 180 - \varrho - \delta - \gamma + 180 = 360 - (\gamma + \delta + \varrho)$; daher

$\operatorname{Sin} ADI = \operatorname{Sin} \gamma$; $\qquad \operatorname{Cos} ADI = - \operatorname{Cos} \gamma$;
$\operatorname{Sin} EDK = - \operatorname{Sin} (\delta + \gamma)$; $\qquad \operatorname{Cos} EDK = - \operatorname{Cos} (\delta + \gamma)$;
$\operatorname{Sin} CEH = - \operatorname{Sin} (\delta + \gamma + \varrho)$; $\operatorname{Cos} CEH = \operatorname{Cos} (\delta + \gamma + \varrho)$;

und substituirt man diese Werthe, so wird

$$y = - z \operatorname{Sin} (\delta + \gamma + \varrho) + u \operatorname{Sin} (\delta + \gamma) - h \operatorname{Sin} \gamma;$$

$$x = z \operatorname{Cos} (\delta + \gamma + \varrho) - u \operatorname{Cos} (\delta + \gamma) + h \operatorname{Cos} \gamma.$$

Setzt man nun diese Werthe für y und x in die aus §. 65 bekannte Gleichung zwischen x und y, so erhält man die verlangte Gleichung.

§. 124. 1ster Zusatz. Ist der Kegelschnitt eine Parabel, also $y^2 = px$ (§. 65. 2. p für a geschrieben), so entsteht $[- z \operatorname{Sin} (\delta + \gamma + \varrho) + u \operatorname{Sin} (\delta + \gamma) - h \operatorname{Sin} \gamma]^2$

$$= p [z \operatorname{Cos} (\delta + \gamma + \varrho) - u \operatorname{Cos} (\delta + \gamma) + h \operatorname{Cos} \gamma],$$

oder geordnet

$$az^2 + buz + cu^2 + dz + eu + f = 0;$$

in welcher Gleichung

$$a = \mathrm{Sin}(\delta+\gamma+\varrho)^2;$$
$$b = -2\,\mathrm{Sin}(\delta+\gamma+\varrho).\mathrm{Sin}(\delta+\gamma);$$
$$c = \mathrm{Sin}(\delta+\gamma)^2;$$

u. s. w. ist.

§. 125. 2ter Zusatz. Ist der Kegelschnitt eine Ellipse, also $y^2 = Ax - Bx^2$ (§. 65.), so entsteht

$$[-z\,\mathrm{Sin}(\delta+\gamma+\varrho)+u\,\mathrm{Sin}(\delta+\gamma)-h\,\mathrm{Sin}\,\gamma]^2$$
$$= A\,[z\,\mathrm{Cos}(\delta+\gamma+\varrho)-u\,\mathrm{Cos}(\delta+\gamma)+h\,\mathrm{Cos}\,\gamma]$$
$$-B.[z\,\mathrm{Cos}(\delta+\gamma+\varrho)-u\,\mathrm{Cos}(\delta+\gamma)+h\,\mathrm{Cos}\,\gamma]^2;$$

oder geordnet

$$az^2+buz+cu^2+dz+eu+f=0;$$

in welcher Gleichung

$$a = \mathrm{Sin}(\delta+\gamma+\varrho)^2+B\,\mathrm{Cos}(\delta+\gamma+\varrho)^2;$$
$$b = -2\mathrm{Sin}(\delta+\gamma+\varrho)\mathrm{Sin}(\delta+\gamma)-2B\,\mathrm{Cos}(\delta+\gamma+\varrho)\mathrm{Cos}(\delta+\gamma);$$
$$c = \mathrm{Sin}(\delta+\gamma)^2+B\,\mathrm{Cos}(\delta+\gamma)^2;$$

u. s. w. ist.

§. 126. 3ter Zusatz. Eben so entsteht für die Hyperbel die Gleichung

$$az^2+buz+cu^2+dz+eu+f=0;$$

worinnen

$$a = \mathrm{Sin}(\delta+\gamma+\varrho)^2-D\,\mathrm{Cos}(\delta+\gamma+\varrho)^2;$$
$$b = -2\mathrm{Sin}(\delta+\gamma+\varrho)\mathrm{Sin}(\delta+\gamma)+2D\,\mathrm{Cos}(\delta+\gamma+\varrho)\,\mathrm{Cos}(\delta+\gamma);$$
$$c = \mathrm{Sin}(\delta+\gamma)^2-D\,\mathrm{Cos}(\delta+\gamma)^2;$$

u. s. w. ist.

§. 127. 4ter Zusatz. Es ist also für alle Kegelschnitte, in Beziehung auf jede Abscissenlinie, in derselben Ebene, jeden Anfangspunct der Abscissen und jeden Coordinaten-Winkel, wenn die Abscissen durch x die zugehörigen Ordinaten durch y bezeichnet werden, die Coordinaten-Gleichung von der Form:

$$ay^2 + bxy + cx^2 + dy + ex + f = 0;$$

oder auch:

$$y^2 + Axy + Bx^2 + Cy + Dx + E = 0;$$

jene durch a dividirt, oder auch:

$$\alpha y^2 + \beta xy + \gamma x^2 + \delta y + \varepsilon x + 1 = 0;$$

die erste durch f dividirt.

§. 128. **Aufgabe.** Es ist die Coordinaten-Gleichung $ay^2 + bxy + cx^2 + dy + ex + f = 0$ für einen Kegelschnitt gegeben; man soll aus den ersten 3 Coefficienten a, b, c beurtheilen, ob derselbe eine Parabel, eine Ellipse oder eine Hyperbel ist.

Auflösung. 1) Für die Parabel ist (§. 124.)

$$b^2 = 4\,\mathrm{Sin}(\delta + \gamma + \varrho)^2\,\mathrm{Sin}(\delta + \gamma)^2 \text{ und}$$

$$4ac = 4\,\mathrm{Sin}(\delta + \gamma + \varrho)^2\,\mathrm{Sin}(\delta + \gamma)^2; \text{ also}$$

$$b^2 = 4ac.$$

2) Für die Ellipse ist (§. 125.)

$$b^2 = 4\,\mathrm{Sin}(\delta + \gamma + \varrho)^2\,\mathrm{Sin}(\delta + \gamma)^2$$
$$+ 8B\,\mathrm{Sin}(\delta+\gamma+\varrho)\,.\,\mathrm{Sin}(\delta+\gamma)\,.\,\mathrm{Cos}(\delta+\gamma+\varrho)\,\mathrm{Cos}(\delta+\gamma)$$
$$+ 4B^2\mathrm{Cos}(\delta+\gamma+\varrho)^2\mathrm{Cos}(\delta+\gamma)^2; \text{ und}$$

$$4ac = 4\,\mathrm{Sin}(\delta + \gamma + \varrho)^2\,\mathrm{Sin}(\delta + \gamma)^2$$
$$+ 4B\,\mathrm{Sin}(\delta + \gamma)^2\,\mathrm{Cos}(\delta + \gamma + \varrho)^2$$
$$+ 4B\,\mathrm{Sin}(\delta + \gamma + \varrho)^2\,\mathrm{Cos}(\delta + \gamma)^2$$
$$+ 4B^2\mathrm{Cos}(\delta + \gamma + \varrho)^2\,\mathrm{Cos}(\delta + \gamma)^2; \text{ also}$$

$$4ac - b^2$$
$$= 4B\,[\mathrm{Sin}(\delta+\gamma)^2\mathrm{Cos}(\delta+\gamma+\varrho)^2 + \mathrm{Sin}(\delta+\gamma+\varrho)^2\mathrm{Cos}(\delta+\gamma)^2$$
$$- 2\,\mathrm{Sin}(\delta+\gamma+\varrho)\,\mathrm{Sin}(\delta+\gamma)\,\mathrm{Cos}(\delta+\gamma+\varrho)\,\mathrm{Cos}(\delta+\gamma)]$$
$$= 4B.[\mathrm{Sin}(\delta+\gamma+\varrho)\mathrm{Cos}(\delta+\gamma) - \mathrm{Cos}(\delta+\gamma+\varrho)\mathrm{Sin}(\delta+\gamma)]^2$$

$= 4B\,.\,\mathrm{Sin}\,\varrho^2$; daher, weil B immer positiv ist,

$$4ac > b^2.$$

3) Für die Hyperbel ist (§. 126.

$$b^2 = 4\,\mathrm{Sin}(\delta+\gamma+\varrho)^2\,\mathrm{Sin}(\delta+\gamma)^2$$
$$-8\,D\,\mathrm{Sin}(\delta+\gamma+\varrho)\,\mathrm{Sin}(\delta+\gamma)\,\mathrm{Cos}(\delta+\gamma+\varrho)\,\mathrm{Cos}(\delta+\gamma)$$
$$+4\,D^2\,\mathrm{Cos}(\delta+\gamma+\varrho)^2\,\mathrm{Cos}(\delta+\gamma)^2;$$ und

$$4ac = 4\,\mathrm{Sin}(\delta+\gamma+\varrho)^2\,\mathrm{Sin}(\delta+\gamma)^2$$
$$-4\,D\,\mathrm{Sin}(\delta+\gamma)^2\,\mathrm{Cos}(\delta+\gamma+\varrho)^2$$
$$-4\,D\,\mathrm{Sin}(\delta+\gamma+\varrho)^2\,\mathrm{Cos}(\delta+\gamma)^2$$
$$+4\,D^2\,\mathrm{Cos}(\delta+\gamma+\varrho)^2\,\mathrm{Cos}(\delta+\gamma)^2;$$ also

$$b^2 - 4ac$$
$$=4D\,[\mathrm{Sin}(\delta+\gamma+\varrho)\mathrm{Cos}(\delta+\gamma) - \mathrm{Cos}(\delta+\gamma+\varrho)\mathrm{Sin}(\delta+\gamma)]^2$$
$=4D\,.\,\mathrm{Sin}\,\varrho^2$; daher, weil D immer positiv ist,

$$b^2 > 4ac.$$

§. 129. Zusatz. Hat also die Coordinaten-Gleichung eines Kegelschnitts die Form

$$ay^2 + bxy + cx^2 + dy + ex + f = 0;$$

so gehört sie einer Parabel an, wenn $b^2 = 4ac$ ist;
sie giebt eine Ellipse, wenn $4ac > b^2$;
und sie entspricht einer Hyperbel, wenn $b^2 > 4ac$ ist.

Beispiele. 1) $3y^2 - 2xy + 5x^2 - 7y - 4x + 17 = 0$ sei die gegebene Gleichung, so ist der zugehörige Kegelschnitt eine Ellipse.

2) Die Gleichung sei

$$y^2 - 7xy + 12x^2 - y + 2x - 20 = 0,$$

so ist der zugehörige Kegelschnitt eine Hyperbel.

3) $y^2 + 10xy + 25x^2 - 2x - 6y - 40 = 0$, so ist der zugehörige Kegelschnitt eine Parabel.

§. 130. Aufgabe. Aus der allgemeinen Coordinaten-Gleichung für eine Parabel die Lage derselben, so wie auch die ihrer Achse gegen die Abscissenlinie und den Achsenparameter p zu bestimmen.

Auflösung. Ist

$$y^2 + 2axy + a^2x^2 + by + cx + d = 0$$

die gegebene einer Parabel angehörige Gleichung, AB (Fig. 35.) die Abscissenlinie, A der Anfangspunct der Abscissen x; β der Coordinaten-Winkel, so suche man

1) die Abscisse e, für welche die zugehörige Ordinate f Tangente wird, also den Werth von x, für welchen y nur einen Werth erhält. Man erhält aus §. 62. 1. $[2ax + b]^2 = 4.[a^2x^2 + cx + d]$ und $y = -\frac{2ax+b}{2}$; und aus beiden Gleichungen, e für x und f für y geschrieben,

$$\text{(I)} \quad e = \frac{4d - b^2}{4(ab - c)} = AC \text{ in der Figur;}$$

$$\text{(II)} \quad f = \frac{2bc - ab^2 - 4ad}{4(ab - c)} = CD \text{ in der Figur.}$$

2) Nun bestimme man für irgend eine Abscisse AE $= x$ den Werth von y aus der Gleichung; es entsteht

$$y = -\frac{2ax+b}{2} \pm \sqrt{(ab-c)x + \frac{b^2-4d}{4}};$$ und folglich ist nach der Figur

$$EG = -\frac{2ax+b}{2} + \sqrt{(ab-c)x + \frac{b^2-4d}{4}};$$ und

$$EF = -\frac{2ax+b}{2} - \sqrt{(ab-c)x + \frac{b^2-4d}{4}};$$ also

$$FG = EG - EF = 2\sqrt{(ab-c)x + \frac{b^2-4d}{4}};$$ folglich,

wenn H die Mitte von FG vorstellt und $FH = HG = z$ gesetzt wird,

$$\text{(III)} \quad z = \sqrt{(ab-c)x + \frac{b^2-4d}{4}}.$$

3) Es ist DI $\mp$ AB gedacht; $HI = EH - EI = EF + FH - CD$; oder die Werthe aus 2. und 1. substituirt $HI = -\frac{2ax+b}{2} - f$, also, den Werth f aus (II)

gesetzt, $HI = -a . \frac{4(ab-c)x-(4d-b^2)}{4(ab-c)} = -a\left[x - \frac{4d-b^2}{4(ab-c)}\right]$ $= -a[x-e]$ aus (I), ferner $DI = CE = x - e$; also $HI : DI = -a : 1$. Wird nun der Winkel $DHI = \varrho$ gesetzt, so ist auch $HI : DI = Sin(\beta + \varrho) : Sin\varrho$; also $-a : 1 = Sin(\beta + \varrho) : Sin\varrho$; oder $-a Sin\varrho = Sin(\beta + \varrho) = Sin\beta Cos\varrho + Cos\beta Sin\varrho$; also $-a = Sin\beta Cotg\varrho + Cos\beta$, folglich $Cotg\varrho = -\frac{a + Cos\beta}{Sin\beta}$, und dann auch

$$\text{(IV)} \quad Sin\varrho = \frac{Sin\beta}{\sqrt{1 + a^2 + 2a Cos\beta}}.$$

4) Es ist ferner, DH durch u ausgedrückt, $u : DI = Sin\beta : Sin\varrho$, also weil $DI = x - e$ ist, $x = e + \frac{u Sin\varrho}{Sin\beta}$, oder den Werth aus (IV) substituirt

$x = e + \frac{u}{\sqrt{1 + a^2 + 2a Cos\beta}}$, und setzt man diesen Werth in (III), so folgt

$$\text{(V)} \quad z^2 = \frac{ab - c}{\sqrt{1 + a^2 + 2a Cos\beta}} . u.$$

5) Da nun nach §. 68. und 69., DH ein Durchmesser der Parabel ist, so ist, unter p den Achsen-Parameter verstanden, $z^2 = \frac{p}{Sin\varrho^2} . u$ (§. 68. und 69.), folglich aus der Vergleichung mit (V)

$\frac{p}{Sin\varrho^2} = \frac{ab - c}{\sqrt{1 + a^2 + 2a Cos\beta}}$, und also, wenn der Werth für $Sin\varrho$ aus (IV) substituirt wird,

$$\text{(VI)} \quad p = \frac{(ab - c) Sin\beta^2}{(1 + a^2 + 2a Cos\beta)^{\frac{3}{2}}}.$$

6) Soll auch noch der Punct K in der Abscissenlinie bestimmt werden, in welchem sie von dem Durchmesser HD geschnitten wird, so hat man, weil $\angle KDC = \varrho$ und $CD = f$ ist, $DK = \frac{f Sin\beta}{Sin(\beta + \varrho)}$ und $CK = \frac{f Sin\varrho}{Sin(\beta + \varrho)}$; also

$AK = AC - CK = e - \frac{f \operatorname{Sin} \varrho}{\operatorname{Sin}(\beta + \varrho)}$; und, wenn man $-a \operatorname{Sin} \varrho$ für $\operatorname{Sin}(\beta + \varrho)$ (aus 3.) und die Werthe für f, e und $\operatorname{Sin} \varrho$ substituirt,

(VII) $DK = -\frac{2bc - ab^2 - 4ad}{4a(ab - c)} \sqrt{1 + a^2 + 2a \operatorname{Cos} \beta}$;

(VIII) $CK = -\frac{2bc - ab^2 - 4ad}{4a(ab - c)}$;

(IX) $AK = -\frac{b}{2a}$.

7) Stellt L den Scheitelpunct, LN die Achse der Parabel vor, und ist DP normal auf LN, so findet man auch noch $DP = w$ und $LP = v$, wenn man GN normal auf LN sich denkt, weil $GN = z \operatorname{Sin} \varrho + w$; $LN = v + u + z \operatorname{Cos} \varrho$ und $GN^2 = p \cdot LN$ ist, wenn man die Werthe setzt, aus $[z \operatorname{Sin} \varrho + w]^2 = p[v + u + z \operatorname{Cos} \varrho]$, oder $z^2 \operatorname{Sin} \varrho^2 + 2zw \operatorname{Sin} \varrho + w^2 = pv + pu + pz \operatorname{Cos} \varrho$. Es ist nemlich $w^2 = p \cdot v$, und aus 5. $z^2 \operatorname{Sin} \varrho^2 = pu$, also bleibt bloß $2zw \operatorname{Sin} \varrho = pz \operatorname{Cos} \varrho$; oder $2w \operatorname{Sin} \varrho = p \operatorname{Cos} \varrho$, und hieraus folgt:

(X) $w = \frac{p}{2} \operatorname{Cotg} \varrho = -\frac{(ab - c) \operatorname{Sin} \beta (a + \operatorname{Cos} \beta)}{2(1 + a^2 + 2a \operatorname{Cos} \beta)^{\frac{3}{2}}}$;

und endlich, aus $w^2 = pv$, auch

(XI) $v = \frac{(ab - c)(a + \operatorname{Cos} \beta)^2}{4(1 + a^2 + 2a \operatorname{Cos} \beta)^{\frac{3}{2}}}$.

Beispiel. Ist die Gleichung $y^2 - 2xy + x^2 + 4y - 6x + 24 = 0$, und $\beta = 60°$ gegeben; also $a = -1$; $b = 4$; $c = -6$; $d = 24$; so erhält man $e = 10$; $f = 8$; $\varrho = 60°$; $z^2 = 2u$; $p = \frac{3}{2}$; $DK = 8$; $CK = 8$; $AK = 2$; $w = \frac{\sqrt{3}}{4} = 0{,}433$; $v = \frac{1}{8} = 0{,}125$.

§. 131. Aufgabe. Aus der allgemeinen Coordinaten-Gleichung für eine Ellipse, die Lage derselben gegen die

die Abscissenlinie und ihre beiden Achsen 2a und 2c zu bestimmen.

Auflösung. Der Coordinaten-Winkel sei $=\varrho$; und die gegebene Gleichung $y^2+\alpha xy+\beta x^2+\gamma y+\delta x+\varepsilon=0$; worinnen $4\beta>\alpha^2$ ist. AB (Fig. 36.) sei die Abscissenlinie, A der Anfangspunct der Abscissen x, die beiden Werthe von x, von welchen jeder nur einen Werth für y liefert, in der Figur $x=AE$ und $x=AC$, sollen B und b, die zugehörigen für y, nemlich $y=EF$ und $y=CD$ sollen H und h heißen, so erhält man diese Werthe, nach §. 62. 1., aus

$$[\alpha x+\gamma]^2=4[\beta x^2+\delta x+\varepsilon] \text{ und } y=-\frac{\alpha x+\gamma}{2};$$

nemlich:

$$\text{(I)}\quad B=\frac{\alpha\gamma-2\delta+\sqrt{(\alpha\gamma-2\delta)^2+(\gamma^2-4\varepsilon)(4\beta-\alpha^2)}}{4\beta-\alpha^2};$$

$$\text{(II)}\quad b=\frac{\alpha\gamma-2\delta-\sqrt{(\alpha\gamma-2\delta)^2+(\gamma^2-4\varepsilon)(4\beta-\alpha^2)}}{4\beta-\alpha^2};$$

$$\text{(III)}\quad H=-\frac{\alpha B+\gamma}{2};$$

$$\text{(IV)}\quad h=-\frac{\alpha b+\gamma}{2}.$$

Es sind nun H und h Tangenten der Ellipse, und die gerade Verbindungslinie ihrer Berührungspuncte D, F ist ein Durchmesser, ihre Mitte M der Mittelpunct derselben, und HK, durch M mit H und h parallel gelegt, der coordinirte Durchmesser zu DF (§. 94. bis 96.). Wird $DM=MF$ durch F; $HM=MK$ durch f bezeichnet, so findet man F und f auf folgendem Wege; man denke sich $DL \mathrel{\#} AB$; so ist $DL=CE=AE-AC=B-b$ und $FL=EF-EL=FE-CD=H-h$; folglich, weil $\angle DLF=$ dem gegebenen Coordinaten-Winkel ϱ ist,

$$\text{(V)}\quad (2F)^2=(B-b)^2+(H-h)^2-2(B-b)(H-h)\operatorname{Cos}\varrho.$$

Weil ferner der verlängerte Durchmesser KH, die Abscissenlinie in der Mitte zwischen C und E in G schneidet, so ist $AG = AC + \frac{CE}{2} = b + \frac{B-b}{2} = \frac{B+b}{2}$, und die Gleichung $y^2 + \alpha xy + \beta x^2 + \gamma y + \delta x + \varepsilon = 0$ liefert, wenn man aus ihr y entwickelt, und $\frac{B+b}{2}$ für x schreibt,

$$GK = -\frac{\alpha x+\gamma}{2} + \sqrt{\left(\frac{\alpha x+\gamma}{2}\right)^2 - \beta x^2 - \delta x - \varepsilon};$$

$$GH = -\frac{\alpha x+\gamma}{2} - \sqrt{\left(\frac{\alpha x+\gamma}{2}\right)^2 - \beta x^2 - \delta x - \varepsilon};$$ folglich

$$HK = 2f = 2\sqrt{\left(\frac{\alpha x+\gamma}{2}\right)^2 - \beta x^2 - \delta x - \varepsilon};$$ oder, den Werth für x wirklich substituirt,

$$\text{(VI)}\quad f^2 = -\frac{4\beta-\alpha^2}{4}.\left(\frac{B+b}{2}\right)^2 + (\alpha\gamma-\delta).\frac{B+b}{2} + \frac{\gamma^2-4\varepsilon}{4}.$$

Nun bestimmt sich auch der Winkel $DMH = \mu$, welchen die coordinirten Durchmesser 2F und 2f bilden, sogleich aus $DF . \operatorname{Sin}\mu = DL \operatorname{Sin}\varrho$; nemlich:

$$\text{(VII)}\quad \operatorname{Sin}\mu = \frac{(B-b)\operatorname{Sin}\varrho}{2.F}.$$

Aus den Gleichungen

$$a^2 + c^2 = F^2 + f^2 \text{ und}$$
$$a . c = F . f . \operatorname{Sin}\mu$$

§. 97. und 98., erhält man nun auch:

$$\text{(VIII)}\quad 2a = \sqrt{F^2 + f^2 + 2Ff\operatorname{Sin}\mu} + \sqrt{F^2 + f^2 - 2Ff\operatorname{Sin}\mu}$$

und

$$\text{(IX)}\quad 2c = \sqrt{F^2 + f^2 + 2Ff\operatorname{Sin}\mu} - \sqrt{F^2 + f^2 - 2Ff\operatorname{Sin}\mu}.$$

Soll endlich auch noch der Winkel φ bestimmt werden, den a mit F bildet, so hat man (wie in §. 93.), $[F\operatorname{Sin}\varphi]^2 = \frac{c^2}{a^2}[a^2 - (F\operatorname{Cos}\varphi)^2]$, und hieraus

$$\text{(X)}\quad \operatorname{Sin}\varphi^2 = \frac{c^2(a^2-F^2)}{F^2(a^2-c^2)};$$

welche zehn Formeln die verlangte Lage vollkommen feststellen.

Beispiel. Ist $y^2 + xy + 2x^2 + 2y - 8x - 20 = 0$; also $\alpha = 1$; $\beta = 1$; $\gamma = 2$; $\delta = -8$; $\varepsilon = -20$; und der Coordinaten-Winkel $\varrho = 90°$, so erhält man $B = 14$; $b = -2$; $H = -8$; $h = 0$; $F = 4\sqrt{5} = 8{,}944272$; $f = 3\sqrt{6} = 7{,}34847\ldots \operatorname{Sin}\mu = \sqrt{0{,}8}$; $\mu = 63°\,26'\,6''$; $a = \sqrt{67 + \sqrt{1033}} = 9{,}956922\ldots c = \sqrt{67 - \sqrt{1033}}$ $= 5{,}904208\ldots \operatorname{Sin}\varphi = \sqrt{\frac{5165 - 119.\sqrt{1033}}{10330}}$; $\varphi = 21°\,6'\,46''$; wonach diese Ellipse aufgetragen werden kann.

§. 132. **Aufgabe.** Aus der allgemeinen Coordinaten-Gleichung für eine Hyperbel und den Coordinaten-Winkel ϱ die Lage derselben gegen die Abscissenlinie und ihre beiden Achsen $2a$ und $2c$ zu bestimmen.

Auflösung. Die gegebene Gleichung sei:

$$y^2 + \alpha xy + \beta x^2 + \gamma y + \delta x + \varepsilon = 0,$$

worinnen $\alpha^2 > 4\beta$ (§. 128.) ist.

Der Werth von x, für welchen y Tangente wird, sei $= b$, der zugehörige von y sei $= h$, so findet man b aus der Gleichung $[\alpha b + \gamma]^2 = 4.[\beta b^2 + \delta b + \varepsilon]$ (§. 62. 1.), oder $[\alpha^2 - 4\beta].b^2 + 2[\alpha\gamma - 2\delta]b + \gamma^2 - 4\varepsilon = 0$; nemlich:

$$\text{(I)}\quad b = \frac{2\delta - \alpha\gamma \pm \sqrt{(2\delta - \alpha\gamma)^2 + (\gamma^2 - 4\varepsilon)(\alpha^2 - 4\beta)}}{\alpha^2 - 4\beta},$$

und dann

$$\text{(II)}\quad h = -\frac{\alpha b + \gamma}{2};$$

in (Fig. 37.) sei A der Anfangspunct der Abscissen, AB $= b$, BC $= h$.

Für jede Abscisse AD $= x$ ist die zugehörige Ordinate y aus der allgemeinen gegebenen Gleichung zu entwickeln, und man erhält:

$$y = -\frac{\alpha x+\gamma}{2} \pm \sqrt{\left[\frac{\alpha x+\gamma}{2}\right]^2 - [\beta x^2 + \delta x + \varepsilon]}; \text{ also}$$

$$DF = -\frac{\alpha x+\gamma}{2} + \sqrt{\left[\frac{\alpha x+\gamma}{2}\right]^2 - [\beta x^2 + \delta x + \varepsilon]} \text{ und}$$

$$DG = -\frac{\alpha x+\gamma}{2} - \sqrt{\left[\frac{\alpha x+\gamma}{2}\right]^2 - [\beta x^2 + \delta x + \varepsilon]}; \text{ folglich}$$

$$GF = DF - DG = 2\sqrt{\left[\frac{\alpha x+\gamma}{2}\right]^2 - [\beta x^2 + \delta x + \varepsilon]};$$

und wenn H die Mitte von GF ist, und HG = HF durch z ausgedrückt wird,

$$z = \sqrt{\left[\frac{\alpha x+\gamma}{2}\right]^2 - [\beta x^2 + \delta x + \varepsilon]}; \text{ also}$$

$$z^2 = \frac{\alpha^2 - 4\beta}{4} x^2 + \frac{\alpha\gamma - 2\delta}{2} x + \frac{\gamma^2 - 4\varepsilon}{4};$$

und wenn hierin aus der Gleichung

$$[\alpha^2 - 4\beta] b^2 + 2[\alpha\gamma - 2\delta] b + \gamma^2 - 4\varepsilon = 0$$

der Werth für $\gamma^2 - 4\varepsilon$ gesetzt wird:

$$z^2 = \frac{\alpha^2 - 4\beta}{4}[x^2 - b^2] + \frac{\alpha\gamma - 2\delta}{2}[x - b]; \text{ oder auch}$$

$$\text{(III)} \quad z^2 = (x - b) . \frac{(\alpha^2 - 4\beta)(x + b) + 2(\alpha\gamma - 2\delta)}{4}.$$

Denkt man sich nun CK ≑ AD; so ist CK = BD = x — b, also, wenn CH durch u ausgedrückt wird, weil $HK = DH - BC = -\frac{\alpha x+\gamma}{2} - h = -\frac{\alpha x+\gamma}{2} + \frac{\alpha b+\gamma}{2}$ $= -\frac{\alpha}{2}(x - b)$ ist, $u^2 = (x - b)^2 + \frac{\alpha^2}{4}(x - b)^2$ $+ \alpha(x - b)^2 . \text{Cos}\,\varrho$, oder

$$\text{(IV)} \quad u^2 = \frac{(x - b)^2}{4}(4 + \alpha^2 + 4\alpha\,\text{Cos}\,\varrho).$$

Entwickelt man hieraus x — b und auch x, und setzt die Werthe in (III), so entspringt

$$z^2 = \frac{u}{2\sqrt{4+\alpha^2+4\alpha \operatorname{Cos}\varrho}} \cdot \left[(\alpha^2-4\beta) \cdot \left(\frac{2u}{\sqrt{4+\alpha^2+4\alpha \operatorname{Cos}\varrho}}+2b\right) + 2(\alpha\gamma-2\delta)\right]$$

$$= \frac{u}{\sqrt{4+\alpha^2+4\alpha \operatorname{Cos}\varrho}} \left[\frac{\alpha^2-4\beta}{\sqrt{4+\alpha^2+4\alpha \operatorname{Cos}\varrho}} u + (\alpha^2-4\beta) b + \alpha\gamma - 2\delta\right],$$

oder, weil nach (I)

$$(\alpha^2-4\beta)b+\alpha\gamma-2\delta = \pm\sqrt{(2\delta-\alpha\gamma)^2+(\gamma^2-4\varepsilon)(\alpha^2-4\beta)}$$

ist,

$$z^2 = \frac{\alpha^2-4\beta}{4+\alpha^2+4\alpha \operatorname{Cos}\varrho} \cdot u^2 \pm \frac{\sqrt{(2\delta-\alpha\gamma)^2+(\gamma^2-4\varepsilon)(\alpha^2-4\beta)}}{\sqrt{4+\alpha^2+4\alpha \operatorname{Cos}\varrho}} \cdot u.$$

Es ist aber CH ein Durchmesser der Hyperbel, also die Gleichung zwischen z und u [nach §. 117. (II)] der Form nach $z^2 = Pu + Qu^2$; folglich kann hier nur das obere Zeichen in (I) und in der letzten Gleichung gelten, und man hat daher

$$z^2 = \frac{\alpha^2-4\beta}{4+\alpha^2+4\alpha \operatorname{Cos}\varrho} u^2 + \frac{\sqrt{(2\delta-\alpha\gamma)^2+(\gamma^2-4\varepsilon)(\alpha^2-4\beta)}}{\sqrt{4+\alpha^2+4\alpha \operatorname{Cos}\varrho}} \cdot u;$$

oder (V) $z^2 = \dfrac{\alpha^2-4\beta}{4+\alpha^2+4\alpha \operatorname{Cos}\varrho}$

$$\times\left[2.\frac{\sqrt{4+\alpha^2+4\alpha \operatorname{Cos}\varrho} \cdot \sqrt{(2\delta-\alpha\gamma)^2+(\gamma^2-4\varepsilon)(\alpha^2-4\beta)}}{2(\alpha^2-4\beta)} \cdot u + u^2\right].$$

Verlängert man den Durchmesser HC über C hinaus, und betrachtet M als den Mittelpunct beider zusammengehörigen Hyperbeln, so ist also, MC durch k ausgedrückt (nach §. 117. II.), 2k = dem Coefficienten von u in den Klammern der Gleichung (V); folglich

(VI) $k^2 = \dfrac{(4+\alpha^2+4\alpha \operatorname{Cos}\varrho)\left[(2\delta-\alpha\gamma)^2+(\gamma^2-4\varepsilon)(\alpha^2-4\beta)\right]}{4(\alpha^2-4\beta)^2}$,

also

$$z^2 = \frac{\alpha^2-4\beta}{4+\alpha^2+4\alpha \operatorname{Cos}\varrho} \cdot [2k \cdot u + u^2];$$

oder, die Abscissen aus M auf dem Durchmesser genommen, durch v ausgedrückt, also v — k für u geschrieben,

$$(\text{VII})\quad z^2 = \frac{\alpha^2 - 4\beta}{4 + \alpha^2 + 4\alpha \operatorname{Cos}\varrho} \cdot [v^2 - k^2].$$

Wird der coordinirte Durchmesser zu dem 2k durch [2r bezeichnet, so folgt nach §. 117. (I), daß hier

$$\frac{r^2}{k^2} = \frac{\alpha^2 - 4\beta}{4 + \alpha^2 + 4\alpha \operatorname{Cos}\varrho}; \text{ also}$$

$$(\text{VIII})\quad r^2 = \frac{(2\delta - \alpha\gamma)^2 + (\gamma^2 - 4\varepsilon)(\alpha^2 - 4\beta)}{4(\alpha^2 - 4\beta)} \text{ ist,}$$

und die Gleichung zwischen den Abscissen v auf dem Durchmesser aus dem Mittelpunct und den zugehörigen Ordinaten z ist also nun

$$(\text{IX})\quad z^2 = \frac{r^2}{k^2}[v^2 - k^2].$$

Zu Bestimmung des Coordinaten-Winkels CHG $\doteq \mu$ hat man im Dreieck CHK; CH Sin μ = CK Sin ϱ; also Sin $\mu = \frac{x - b}{u}$ Sin ϱ; oder nach (IV)

$$(\text{X})\quad \operatorname{Sin}\mu^2 = \frac{4 \operatorname{Sin}\varrho^2}{4 + \alpha^2 + 4\alpha \operatorname{Cos}\varrho}.$$

Nun ergeben sich auch a und c leicht aus den beiden Gleichungen (IV. und V. §. 117.)

$a^2 - c^2 = k^2 - r^2$ und $ac = kr \operatorname{Sin}\mu$; nemlich

$$(\text{XI})\quad a^2 = \frac{k^2 - r^2}{2} + \sqrt{\left[\frac{k^2 - r^2}{2}\right]^2 + k^2 r^2 \operatorname{Sin}\mu^2}; \text{ und}$$

$$(\text{XII})\quad c^2 = -\frac{k^2 - r^2}{2} + \sqrt{\left[\frac{k^2 - r^2}{2}\right]^2 + k^2 r^2 \operatorname{Sin}\mu^2}.$$

Wird nun noch der Winkel φ, den k und a bilden, verlangt, so betrachte man E als Scheitelpunct, also ME als a, und denke sich die Normale MC Sin φ aus C auf a, so ist die zugehörige Abscisse auf der Achse vom Mittelpunct M ab genommen = MC Cos φ = k Cos φ; folglich

$[k \operatorname{Sin}\varphi]^2 = \frac{c^2}{a^2}[(k \operatorname{Cos}\varphi)^2 - a^2]$, und hieraus

$$(\text{XIII})\quad \text{Sin}\,\varphi^2 = \frac{c^2(k^2-a^2)}{k^2(a^2+c^2)}.$$

Die Formeln I., II., VI., VIII., X., XI., XII. und XIII., bestimmen nun vollkommen die ganze Lage der Hyperbel gegen die gegebene Abscissenlinie und den Anfangspunct der Abscissen, durch den Coordinaten-Winkel ϱ und die Coefficienten α, β, γ, δ, ε.

Beispiel. Ist $\varrho = 90°$ und die gegebene Gleichung

$$y^2 - 3xy + 2x^2 - 6y - 8x + 9 = 0;$$

also $\alpha = -3$; $\beta = 2$; $\gamma = -6$; $\delta = -8$; $\varepsilon = 9$; so erhält man, aus (I) $b = 0$; aus (II) $h = 3$; aus (VI) $k = 17.\sqrt{13} = 61{,}29437$; aus (VIII) $r = 17$; aus (X) $\text{Sin}\,\mu = \frac{2\sqrt{13}}{13}$; also $\mu = 33°\ 41'\ 24''$;

aus (XI) $a = 17.\sqrt{6+2\sqrt{10}} = 59{,}6808\ldots.$

aus (XII) $c = 17.\sqrt{-6+2\sqrt{10}} = 5{,}51745\ldots.$

aus (XIII) $\text{Sin}\,\varphi = \sqrt{\frac{130-41.\sqrt{10}}{260}}$; also $\varphi = 2°\ 5'\ 32''$.

Anhang,

einige nützliche Aufgaben enthaltend.

§. 133. Aufgabe. Es sind die 3 Kanten eines Parallelepipedums gegeben, und die 3 Winkel, welche sie an einem der Endpuncte unter einander bilden, man soll dadurch die durch diesen Endpunct gelegte Diagonale dieses Parallelepipedums bestimmen.

Auflösung. Es sei (Fig. 38.) das Parallelepipedum, $AB = a$, $BC = b$, $AE = c$, $\angle BAC = ab$, $\angle BAE = ac$, $\angle CAE = bc$, $AH = x$ die durch a, b, c, ab, ac, bc auszudrückende Diagonale. Man ziehe die sich halbirenden Diagonalen AD, BC und EH, FG, so wie die AG, AF, so ist im Dreieck EAH (§. 58. Geom. Erst. Bd.): $c^2 + x^2 = 2 . AK^2 + \frac{EH^2}{2}$, und im Dreieck FAG: $FA^2 + AG^2 = 2 . AK^2 + \frac{FG^2}{2}$; also

$c^2 + x^2 - FA^2 - AG^2 = \frac{EH^2 - FG^2}{2}$; oder auch

$x^2 = -c^2 + AF^2 + AG^2 + \frac{EH^2 - FG^2}{2}$.

Weil nun $EH = AD$; $FG = BC$; $BD = b$; $\angle ABD = 180 - ab$ ist, so hat man (§. 290. Geom. Erst. Bd.)

$$EH^2 = a^2 + b^2 - 2ab \operatorname{Cos}(180 - ab)$$
$$= a^2 + b^2 + 2ab \operatorname{Cos} ab; \text{ und}$$
$$FG^2 = a^2 + b^2 - 2ab \operatorname{Cos} ab; \text{ folglich}$$
$$\frac{EH^2 - FG^2}{2} = 2ab \operatorname{Cos} ab;$$

ferner, weil $EF = a$ und $\angle AEF = 180 - ac$ ist,

$$AF^2 = a^2 + c^2 + 2ac \operatorname{Cos} ac;$$

und, weil $EG = b$ und $\angle AEG = 180 - bc$ ist,

$$AG^2 = b^2 + c^2 + 2bc \operatorname{Cos} bc;$$

folglich, wenn diese Werthe in den Ausdruck für x^2 substituirt werden,

$$x^2 = a^2 + b^2 + c^2 + 2ab \operatorname{Cos} ab + 2ac \operatorname{Cos} ac + 2bc \operatorname{Cos} bc.$$

Beispiel. Ist $a = 10$; $b = 12$; $c = 15$; $\angle ab = 80°$; $\angle ac = 100°$; $\angle bc = 140°$; so wird

$$x^2 = 100 + 144 + 225 + 240 . \operatorname{Cos} 80° - 300 \operatorname{Cos} 80° - 360 \operatorname{Cos} 40°$$
$$= 469 - 60 \operatorname{Cos} 80° - 360 \operatorname{Cos} 40°; \text{ also}$$
$$x = 13{,}5205 \dots.$$

§. 134. Aufgabe. Es sind die Kanten einer dreiseitigen Pyramide gegeben; man soll durch sie die 3 geraden Linien bestimmen, welche die Mittelpuncte gegenüberliegender Kanten verbinden.

Auflösung. Es sei Fig. 39. die 3seitige Pyramide, AB = a; AC = b; BC = c; AD = d; BD = e; CD = f; E die Mitte der Kante AB = a; F die Mitte der gegenüberliegenden Kante CD = f; nnd die Verbindungslinie EF beider Mittelpuncte, als eine der 3 zu bestimmenden Längen, werde durch (af) ausgedrückt. Man ziehe noch ED = x und EC = y, so ist im Dreieck ABD:

$d^2 + e^2 = 2x^2 + \frac{a^2}{2}$; und im Dreieck ABC:

$b^2 + c^2 = 2y^2 + \frac{a^2}{2}$; also

$\frac{b^2 + c^2 + d^2 + e^2 - a^2}{2} = x^2 + y^2.$

Nun ist aber auch im Dreieck CED:

$x^2 + y^2 = 2.(af)^2 + \frac{f^2}{2}$; folglich

$2.(af)^2 + \frac{f^2}{2} = \frac{b^2 + c^2 + d^2 + e^2 - a^2}{2}$; und also

$(af)^2 = \frac{b^2 + c^2 + d^2 + e^2 - a^2 - f^2}{4}$. Eben so ist

$(cd)^2 = \frac{a^2 + b^2 + e^2 + f^2 - c^2 - d^2}{4}$; und

$(be)^2 = \frac{a^2 + c^2 + d^2 + f^2 - b^2 - e^2}{4}$:

§. 135. Zusatz. Aus dem vor. §. folgt sogleich das einfache Gesetz.

$$(af)^2 + (cd)^2 + (be)^2 = \frac{a^2 + b^2 + c^2 + d^2 + e^2 + f^2}{4}.$$

§. 136. Aufgabe. Es sind zwei, nicht parallele, nicht in einer Ebene liegende Linien ihrer Lage nach gegeben; man soll die Linie durch Construction und durch Rechnung bestimmen, welche auf beiden zugleich normal steht.

Auflösung. Man denke sich durch die eine der beiden gegebenen Linien, und durch einen Punct in der an=

dern eine Ebene gelegt. Es sei (Fig. 40.) AB diese eine Linie und C ein Punct der andern; man denke sich ferner aus irgend einem 2ten Punct D dieser andern Linie eine Normale auf die Ebene ABC gefällt, den Durchschnittspunct mit C durch eine gerade Linie verbunden und diese verlängert bis sie AB in E schneidet, so ist CE die Projection von CD auf die Ebene ABC; in E auf CE stelle man sich in der Projections-Ebene DCE eine Normale vor, bis sie CD in F schneidet, und drehe das bei E rechtwinklige Dreieck CEF um CE bis es in der Ebene ABC liegt, in welcher Lage dasselbe in der Figur dargestellt ist. Fällt man nun noch in der Ebene ABC aus C die Normale CG auf AB; macht GH = EF; zieht CH; fällt GK normal auf CH; zieht dann die gerade Linie KLN ∦ mit AB; fällt NP normal auf AB und errichtet NQ normal auf CE, so sind die Durchschnittspuncte P, Q dieser Normalen mit AB und CD oder CF die gesuchten beiden Puncte, deren gerade Verbindungslinie, wenn man sich CD in seiner wirklichen Lage denkt, sowohl auf AB als auf CD normal steht.

Beweis. Man stelle sich beide rechtwinklige Dreiecks-Ebenen CEF und CGH um CE und CG gedreht vor, bis sie beide auf der Ebene ABC, auf einerlei Seite derselben, normal stehen, so daß also CF oder CD in ihrer ursprünglichen wirklichen Lage sich befindet, so ist NQ sowohl wie KL auf der Ebene ABC normal (§. 182. Geom. I. Bd.); da nun auch CN : CE = NQ : EF und CL : CG = LK : GH; aber CN : CE = CL : CG; so ist auch NQ : EF = LK : GH; folglich, weil GH = EF gemacht wurde, nothwendig auch NQ = KL; also, da NQ ≑ LK ist, KLNQ ein Parallelogramm; demnach KQ $\#$ und $=$ LN. Es ist aber auch, der Construction zufolge, LNPG ein Parallelogramm und also LN $\#$ und $=$ GP; daher auch KQ $\#$ und $=$ GP; folglich ebenfalls KGPQ ein Parallelogramm. Da nun ferner EG normal auf der Ebene HGC (§. 182. Geom. I. Bd.) ist, so ist auch $\angle$PGK ein rechter, und also sind auch die übrigen 3 Winkel des Parallelogramms KGPQ rechte Winkel. Man hat daher: erstens $\angle$ GPQ $= 90°$; ferner GKQ $= 90°$; also, da auch GKC $= 90°$ ist, GK normal auf die Ebene KCQ oder HCF (§. 178. Geom. I. Bd.); da nun PQ $\#$ GK, so ist auch PQ normal auf der Ebene HCF (§. 186. Geom. I. Bd.), und daher bildet auch zweitens PQ mit CF einen rechten Winkel, und es steht daher PQ auf beiden Linien AB und CF normal.

Mit Hülfe dieser als richtig begründeten Construction ist es nun leicht, die Länge PQ oder die ihr gleiche GK durch Rechnung zu bestimmen.

Ist nemlich $CG = a$; $\angle GCE = \alpha$; $\angle ECF = \beta$; durch welche 3 Größen die gegenseitige Lage beider Linien bestimmt ist, so hat man $CE = a \operatorname{Sec}\alpha$ und $EF = CE . \operatorname{Tg}\beta = a \operatorname{Sec}\alpha . \operatorname{Tg}\beta$; ferner $GH = a \operatorname{Tg} GCH$; folglich, weil GH $=$ EF ist,

$$a \operatorname{Tg} GCH = a \operatorname{Sec}\alpha . \operatorname{Tg}\beta, \text{ und hieraus}$$

$$\operatorname{Sin} GCH = \frac{\operatorname{Sec}\alpha . \operatorname{Tg}\beta}{\sqrt{1 + [\operatorname{Sec}\alpha \operatorname{Tg}\beta]^2}}.$$

Da nun GK $= a \operatorname{Sin} GCH$ ist, so hat man also

$$PQ = GK = \frac{a \operatorname{Sec}\alpha \operatorname{Tg}\beta}{\sqrt{1 + [\operatorname{Sec}\alpha \operatorname{Tg}\beta]^2}}.$$

§. 137. Aufgabe. Eine Kugel wird durch einen normalen Kegel so durchbohrt, daß beider Achsen in einander fallen; der beiden gemeinschaftliche Körper soll den Inhalt a^3 erhalten; wie weit wird die Spitze des Kegels vom Mittelpunct der Kugel entfernt sein müssen?

Auflösung. Der Halbmesser der Kugel sei $= r$; der Winkel, welchen die Achse des Kegels mit jeder seiner Seiten bildet $= \alpha$; die erforderliche Entfernung von der Spitze des Kegels bis zum Mittelpunct der Kugel $= z$. Es stelle Fig. 41. den Achsen-Durchschnitt vor, A sei die Spitze des Kegels, M der Mittelpunct der Kugel, so besteht der beiden gemeinschaftliche Körper aus 2 Kugel-Abschnitten, im Durchschnitt DEH und BFC, und einen abgekürzten normalen Kegel BCED. Wird $\angle$ DMK durch x, $\angle$ AMB durch y ausgedrückt, so ist $MH = r \operatorname{Cos} x$; $DH = r \operatorname{Sin} x$; $HK = r - r \operatorname{Cos} x$; $MG = r \operatorname{Cos} y$; $BG = r \operatorname{Sin} y$; $FG = r - r \operatorname{Cos} y$; da nun (§. 255. Geom. I. B.) der Kugelabschnitt $DEK = \frac{1}{3}\pi . HK^2 [3r - HK]$

$$= \frac{1}{3}\pi r^2 [1 - \operatorname{Cos} x]^2 . [2r + r \operatorname{Cos} x];$$

der Kugelabschnitt $BFC = \frac{1}{3}\pi . FG^2 [3r - FG]$

$$= \frac{1}{3}\pi r^3 [1 - \operatorname{Cos} y]^2 [2 + \operatorname{Cos} y];$$

und der abgekürzte normale Kegel BCED (§. 241. Geom. I. B.)

$$= \frac{1}{3}\pi . GH [DH^2 + BG^2 + DH . BG]$$

$$= \frac{1}{3}\pi . r^3 . [\operatorname{Cos} x + \operatorname{Cos} y] [\operatorname{Sin} x^2 + \operatorname{Sin} y^2 + \operatorname{Sin} x \operatorname{Sin} y]$$

ist, so ist die Bedingungs-Gleichung

$$\frac{1}{3}\pi r^3 [(1 - \operatorname{Cos} x)^2 (2 + \operatorname{Cos} x) + (1 - \operatorname{Cos} y)^2 (2 + \operatorname{Cos} y) + (\operatorname{Cos} x + \operatorname{Cos} y) (\operatorname{Sin} x^2 + \operatorname{Sin} y^2 + \operatorname{Sin} x \operatorname{Sin} y)] = a^3,$$

oder: $4 - 3(\operatorname{Cos} x + \operatorname{Cos} y) + \operatorname{Cos} x^3 + \operatorname{Cos} y^3$

$$+ (\operatorname{Cos} x + \operatorname{Cos} y) (\operatorname{Sin} x^2 + \operatorname{Sin} y^2 + \operatorname{Sin} x \operatorname{Sin} y) = \frac{3a^3}{\pi r^3};$$

oder auch, da $\operatorname{Cos} x^3 + \operatorname{Cos} y^3 =$

$(\operatorname{Cos} x + \operatorname{Cos} y) (\operatorname{Cos} x^2 + \operatorname{Cos} y^2 - \operatorname{Cos} x \operatorname{Cos} y)$ ist,

$$\frac{4\pi r^3 - 3a^3}{\pi r^3} = [\operatorname{Cos} x + \operatorname{Cos} y] [3 - \operatorname{Cos} x^2 - \operatorname{Cos} y^2 + \operatorname{Cos} x \operatorname{Cos} y - \operatorname{Sin} x^2 - \operatorname{Sin} y^2 - \operatorname{Sin} x \operatorname{Sin} y].$$

Da nun $\operatorname{Sin} x^2 + \operatorname{Cos} x^2 = 1$ und $\operatorname{Sin} y^2 + \operatorname{Cos} y^2 = 1$; also $3 - \operatorname{Cos} x^2 - \operatorname{Cos} y^2 - \operatorname{Sin} x^2 - \operatorname{Sin} y^2 = 1$, und $\operatorname{Cos} x \operatorname{Cos} y - \operatorname{Sin} x \operatorname{Sin} y = \operatorname{Cos}(x+y)$ ist, so verwandelt sich die Bedingungs-Gleichung in folgende:

$$\frac{4\pi r^3 - 3a^3}{\pi r^3} = [\operatorname{Cos} x + \operatorname{Cos} y]\ [1 + \operatorname{Cos}(x+y)].$$

Es ist aber $\operatorname{Cos} x + \operatorname{Cos} y = 2 \operatorname{Cos} \frac{x+y}{2} . \operatorname{Cos} \frac{x-y}{2}$ und $1 + \operatorname{Cos}(x+y) = 2\left(\operatorname{Cos} \frac{x+y}{2}\right)^2$ (§. 281. XVIII. und VIII. Geom. I. Bd.), und, weil $\triangle BMD$ gleichschenklig ist, $\angle MDB = MBD = x - \alpha$, daher MBD oder $x - \alpha = y + \alpha$, also $x - y = 2\alpha$ und $x + y = 2\alpha + 2y$; folglich

$$\operatorname{Cos} x + \operatorname{Cos} y = 2 . \operatorname{Cos}[\alpha + y] . \operatorname{Cos} \alpha \text{ und}$$

$1 + \operatorname{Cos}[x+y] = 2 . [\operatorname{Cos}(\alpha + y)]^2$; und demnach die Gleichung $\frac{4\pi r^3 - 3a^3}{\pi r^3} = 4 \operatorname{Cos} \alpha . [\operatorname{Cos}(\alpha + y)]^3$; woraus

$$\operatorname{Cos}(\alpha + y) = \sqrt[3]{\frac{4\pi r^3 - 3a^3}{4\pi r^3 \operatorname{Cos} \alpha}} \text{ folgt.}$$

Ist hieraus $\alpha + y$ also auch y bestimmt, so hat man dann auch $AM = z = \frac{r \operatorname{Sin}(\alpha + y)}{\operatorname{Sin} \alpha}$.

Die Bedingungsgleichung ergiebt sich bequemer, wenn man den von der Kugel übrig bleibenden Theil, welcher der Unterschied zwischen einer körperlichen Zone und einem gleich hohen abgekürzten Kegel ist, gleich $\frac{4}{3} r^3 \pi - a^3$ setzt.

§. 138. **Aufgabe.** Den Flächen-Inhalt eines nach Vaubou's erstem Systeme construirten regulären fünfseitigen Polygons zu bestimmen.

Auflösung. Die Construction ist, so weit sie hier interessirt, kürzlich folgende. Es sei BC = A Ruthen die Polygonseite des regulären Fünfecks; K der zugehörige

Mittelpunct, also $\angle BKC = 72^\circ$; $BD = DC$; man ziehe DK und mache $DE = \frac{1}{7}A$; ziehe dann auch CE und BE, und verlängere beide Richtungen über E hinaus; mache $CG = BF = \frac{2}{7}A$; $FH = GI = FG$ und ziehe GH, HI und FI, bilde über FG das gleichseitige Dreieck FGL; nehme $GN = FM = 2\frac{1}{2}$ Ruthe, und ziehe LM und LN; dann beschreibe man aus B und C mit 9 Ruthen Kreisbogen, und construire an ihnen aus den Schulterpuncten G und F, die Tangenten GP und FO, so wird der Flächen-Inhalt des Siebenecks KBFIHGC und der des Vierecks QRLS verlangt.

1) Bestimmung des Flächen-Inhaltes V vom Siebeneck KBFIHGC.

Man bezeichne $BC = A$ durch $14.a$, so ist $BD = DC = 7a$; $DE = 2a$; $BE = CE = a.\sqrt{53}$; $BF = CG = 4a$; also $EF = EG = a[\sqrt{53} - 4]$, wofür b geschrieben werden soll. Ferner $\angle BED = CED$ durch β ausgedrückt, $\operatorname{Sin}\beta = \frac{7a}{a\sqrt{53}} = \frac{7}{\sqrt{53}}$; $\operatorname{Cos}\beta = \frac{2}{\sqrt{53}}$; also $\operatorname{Sin} 2\beta = 2 \operatorname{Sin}\beta \operatorname{Cos}\beta = \frac{28}{53}$; $\operatorname{Cos} 2\beta = 1 - 2.\operatorname{Sin}\beta^2 = 1 - 2.\frac{49}{53} = -\frac{45}{53}$; also $FG = FH = GI = 2b \operatorname{Sin}\beta$; und daher $EH = EI = 2b \operatorname{Sin}\beta - b$, wofür d geschrieben werden soll. Man hat nun $\triangle BDK = CDK = \frac{1}{2}.CD.DK = \frac{1}{2}.7a.7a \operatorname{Tg} 54^\circ$

$\triangle BDE = CDE = \frac{1}{2}.CD.DE = \frac{1}{2}.7a.2a$

$\triangle FEI = GEH = \frac{1}{2}.b.d \operatorname{Sin} 2\beta = \frac{14}{53}.bd$

$\triangle IET = HET = \frac{1}{2} d \operatorname{Sin}\beta . d \operatorname{Cos}\beta = \frac{7}{53} d^2$;

folglich $V = 2.BDK - 2.BDE - 2.FEI - 2.IET$

$$= 49a^2 \operatorname{Tg} 54^\circ - 14a^2 - \frac{28}{53} bd - \frac{14}{53} d^2;$$

oder, für b und d obige Werthe gesetzt,

$$V = 7a^2 \left[7 \operatorname{Tg} 54^\circ - 2 - \frac{4}{53}.(2 \operatorname{Sin}\beta - 1)(\sqrt{53} - 4)^2 - \frac{2}{53}(2 \operatorname{Sin}\beta - 1)^2 (\sqrt{53} - 4)^2\right]$$

$$= 7a^2\left[7\,\mathrm{Tg}\,54^\circ - 2 - \tfrac{4}{53}\cdot\frac{14-\sqrt{53}}{\sqrt{53}}\cdot(\sqrt{53}-4)^2 - \tfrac{2}{53}\cdot\frac{(14-\sqrt{53})^2}{53}\cdot(\sqrt{53}-4)^2\right]$$

$$= 7a^2\left[7\,\mathrm{Tg}\,54^\circ - 2 - \tfrac{2}{53}\cdot(14-\sqrt{53})(\sqrt{53}-4)^2\cdot\left(\frac{2}{\sqrt{53}}+\frac{14-\sqrt{53}}{53}\right)\right]$$

$$= 7a^2\left[7\,\mathrm{Tg}\,54^\circ - 2 - \tfrac{2}{53}\cdot(14-\sqrt{53})(69-8\sqrt{53})\cdot\frac{14+\sqrt{53}}{53}\right]$$

$$= 7a^2\left[7\,\mathrm{Tg}\,54^\circ - 2 - \frac{286\,.\,(69-8\sqrt{53})}{53^2}\right]$$

$$= 7a^2\,.\,[7\,.\,1{,}3763819 - 2 - 1{,}095446]$$

$$= 45{,}7746\,.\,a^2 = 0{,}2335\,.\,A^2.$$

2) Mathematisch genaue Bestimmung des Flächen-Inhaltes W vom Viereck QRLS.

Im **Viereck EFOC** (**oder in dem ihn congruenten EGPB**) **ist bekannt**; $EF = b$; $\angle FEC = 2\beta$; $EC = a\sqrt{53}$; $CO = 9°$; $\angle COF = 90°$, und aus diesen fünf bestimmenden Stücken läßt sich der Winkel $EFO = x$ finden. Denkt man sich nemlich eine Normale aus E auf FO, so ist diese $= b\,\mathrm{Sin}\,x$; und nun eine Normale aus C auf $b\,\mathrm{Sin}\,x$, so theilt diese $b\,\mathrm{Sin}\,x$ in 2 Theile, von welchen der eine $= CO = 9°$ und der andere $=$
$CE\,.\,\mathrm{Sin}\,[360-90-2\beta-x-90] = a\sqrt{53}\,.\,\mathrm{Sin}\,[2\beta+x]$ ist; man hat daher die Gleichung:

$$b\,\mathrm{Sin}\,x = 9 + a\sqrt{53}\,.\,\mathrm{Sin}\,[2\beta+x];$$

woraus entweder $\mathrm{Sin}\,x$ oder $\mathrm{Cos}\,x$ durch eine quadratische Gleichung im Allgemeinen, oder in Zahlen-Fällen der Winkel x vermittelst eines Hülfswinkel (§. 308. Aufg. IV. Geom.) gefunden werden kann.

Betrachtet man nun x als bestimmt, so läßt sich der Inhalt der Ebene EQSN auf folgende Weise finden. Es ist EU $=$ b Cos β; UL $=$ FL Cos 30 $=$ FG Cos 30 $= 2b \sin\beta \cos 30$; folglich $EL = b.[\cos\beta + 2\sin\beta \cos 30] = \frac{b}{\sqrt{53}}[2+7\sqrt{3}]$; und aus $EL = \frac{2+7\sqrt{3}}{\sqrt{53}} b$; $\angle LEN = \beta$ und $EN = b + 2{,}5$ ist der Winkel ENL leicht zu bestimmen; er sei $= \alpha$ gefunden. Im Viereck EFSN kennt man nun $\angle E = 2\beta$; $EF = b$; $\angle F = x$; $\angle N = \alpha$ und $NE = b + 2{,}5$, und aus diesen 5 bestimmenden Stücken findet man die beiden fehlenden Seiten FS $=$ v und SN $=$ u durch die Gleichungen:

$$u \sin\alpha + v \sin[360 - \alpha - 2\beta - x - (180 - \alpha)] = b \sin 2\beta$$

und

$$u \cos\alpha + v \cos[360 - \alpha - 2\beta - x - (180 - \alpha)] + b \cos 2\beta = b + 2{,}5.$$

Hat man aus ihnen u und v bestimmt, so ist dann der Inhalt von $EFSN = \frac{1}{2}(b + 2{,}5)\, u \sin\alpha + \frac{1}{2} b\, v \sin x$; folglich, weil der Inhalt des Dreiecks $EFQ = \frac{b^2 \sin\beta \sin x}{2 \sin(\beta + x)}$ (§. 297. Geom. I. Bd.) ist, so bleibt der Inhalt von $EQSN = \frac{(b+2{,}5)\, u \sin\alpha}{2} + \frac{b\, v \sin x}{2} - \frac{b^2 \sin\beta \sin x}{2 \sin(\beta + x)}$.

Es ist aber $EL = \frac{2+7\sqrt{3}}{\sqrt{53}}.b$, also der Inhalt des Dreiecks $LEN = \frac{1}{2}.\frac{2+7\sqrt{3}}{\sqrt{53}}.b.[b+2{,}5] \sin\beta$, und demnach der Inhalt von QRLS $=$ 2.QLS $=$ 2.[LEN—EQSN], oder $W = \frac{2+7\sqrt{3}}{\sqrt{53}} b.[b+2{,}5].\sin\beta - [b+2{,}5]\, u \sin\alpha - b\, v \sin x + \frac{b^2 \sin\beta \sin x}{\sin(\beta + x)}$. Die wirkliche Einführung der Werthe für b, Sin β, Cos β, u, v, Sin x und Cos x in diese Formel führt auf ungemeine Weitläuftigkeiten, und zugleich zuletzt auf einen sehr irrationalen Ausdruck, der practisch keinen Werth hat. Erlaubt man sich aber die an-

annähernde Voraussetzung, daß QS von der Parallelität mit EG so unbedeutend abweicht, daß diese Abweichung bei Seite gesetzt werden kann, so bildet sich eine practisch brauchbare Formel, deren Herleitung nun folgen soll.

3) Näherungsweise Bestimmung des Flächen-Inhalts W vom Viereck QRLS, bei der Annahme daß $QS \ddagger EN$, und eben so $QR \ddagger EM$ sei.

Es ist der Inhalt des Dreiecks

$LEN = \frac{2+7\sqrt{3}}{2\sqrt{53}} b\,[b+2{,}5] \operatorname{Sin}\beta;$

$LE = b \operatorname{Cos}\beta + 2b \operatorname{Sin}\beta . \operatorname{Cos} 30^\circ = \frac{7\sqrt{3}+2}{\sqrt{53}} b;$

$LQ = LU - QU = LU - \frac{QE}{2}$, der gemachten Voraussetzung $FQ \ddagger EG$ und $GQ \ddagger EF$ gemäß, also LQ $= 2b\operatorname{Sin}\beta \operatorname{Cos} 30 - b \operatorname{Cos}\beta = \frac{7\sqrt{3}-2}{\sqrt{53}} . b.$ Da nun aber $LQS \sim LEN$, so verhält sich $LEN : LQS = LE^2 : LQ^2$; oder $\frac{7\sqrt{3}+2}{2\sqrt{53}} . b . [b+2{,}5] . \frac{7}{\sqrt{53}} : LQS$ $= [7\sqrt{3}+2]^2 : [7\sqrt{3}-2]^2$, und hieraus ist

$$LQS = \frac{7 . b\,(b+2{,}5)}{2 . 53} . \frac{(7\sqrt{3}-2)^2}{7\sqrt{3}+2}$$

$$= \frac{7b\,(b+2{,}5)}{2 . 53} . \frac{1113 . \sqrt{3} - 890}{143}$$

$= \frac{1}{2} . 0{,}9585 . b\,[b+2{,}5]$; folglich QRLS, oder $W = 0{,}9585 . b . [b+2{,}5]$; oder $a[\sqrt{53}-4]$ für b geschrieben, und reducirt,

$$W = 10{,}3126 . a^2 + 7{,}86 . a$$

$$= 0{,}0526 . A^2 + 0{,}5614 . A.$$

4) Der gesammte verlangte Inhalt ist demnach

$$= 0{,}2861 . A^2 + 0{,}5614 . A.$$

Ist z. B. die Polygonseite des regulären Fünfecks $= 90^\circ$; so erhält man hiernach den ganzen Inhalt = 2368 Q° beinahe.

§. 139. **Aufgabe.** Die Länge L der gebrochenen Linie BFIHGC (Fig. 42.) der in §. 138. angegebenen Construction gemäß zu bestimmen.

Auflösung. Es ist mit Beibehaltung der Bezeichnung in §. 138.

1) die Façe der Bollwerke $CG = 4a$;

2) die Flanque $GH = 2.FG.\mathrm{Sin}\frac{90-\beta}{2}$

$$= 2.2b\,\mathrm{Sin}\,\beta.\mathrm{Sin}\left(45-\frac{\beta}{2}\right)$$

$$= 4a(\sqrt{53}-4)\,\mathrm{Sin}\,\beta\,\mathrm{Sin}\left(45-\frac{\beta}{2}\right);$$

3) die halbe Courtine $TH = d\,\mathrm{Sin}\,\beta$

$= [2b\,\mathrm{Sin}\,\beta - b]\,\mathrm{Sin}\,\beta = a[\sqrt{53}-4][2\,\mathrm{Sin}\,\beta^2 - \mathrm{Sin}\,\beta]$, und die Summe dieser 3 Linien, doppelt genommen, giebt

$$L = 2a\Big[4 + 4(\sqrt{53}-4)\,\mathrm{Sin}\,\beta\,\mathrm{Sin}\left(45-\frac{\beta}{2}\right)$$
$$+ (\sqrt{53}-4)(2\,\mathrm{Sin}\,\beta^2 - \mathrm{Sin}\,\beta)\Big].$$

Nun ist aber $\mathrm{Sin}\,\beta = \frac{7}{\sqrt{53}}$; $\mathrm{Sin}\left(45-\frac{\beta}{2}\right)$

$= \mathrm{Sin}\,45\,\mathrm{Cos}\frac{\beta}{2} - \mathrm{Cos}\,45\,\mathrm{Sin}\frac{\beta}{2}$; also, weil $\mathrm{Sin}\,45^\circ$

$= \mathrm{Cos}\,45^\circ = \sqrt{\tfrac{1}{2}}$; $\mathrm{Cos}\frac{\beta}{2} = \sqrt{\frac{1+\mathrm{Cos}\,\beta}{2}} = \sqrt{\frac{1+\frac{2}{\sqrt{53}}}{2}}$

$= \sqrt{\frac{\sqrt{53}+2}{2\sqrt{53}}}$; $\mathrm{Sin}\frac{\beta}{2} = \sqrt{\frac{1-\mathrm{Cos}\,\beta}{2}} = \sqrt{\frac{\sqrt{53}-2}{2\sqrt{53}}}$ ist,

$$\mathrm{Sin}\left[45^\circ-\frac{\beta}{2}\right] = \sqrt{\tfrac{1}{2}}.\left[\sqrt{\frac{\sqrt{53}+2}{2\sqrt{53}}} - \sqrt{\frac{\sqrt{53}-2}{2\sqrt{53}}}\right]$$

$$= \frac{1}{\sqrt{4.\sqrt{53}}}[\sqrt{\sqrt{53}+2} - \sqrt{\sqrt{53}-2}]$$

$$= \frac{1}{2\sqrt{\sqrt{53}}}.\sqrt{[\sqrt{\sqrt{53}+2} - \sqrt{\sqrt{53}-2}]^2}$$

$$= \frac{1}{2\sqrt{\sqrt{53}}}\sqrt{2\sqrt{53}-2\sqrt{49}} = \tfrac{1}{2}\sqrt{\frac{2\sqrt{53}-14}{\sqrt{53}}}$$

$$= \frac{1}{2\sqrt{53}}\sqrt{2.53-14\sqrt{53}} = \frac{1}{2\sqrt{53}}\sqrt{106-14\sqrt{53}};$$

daher $\mathrm{Sin}\,\beta.\mathrm{Sin}\left(45-\frac{\beta}{2}\right)=\frac{7}{106}\sqrt{106-14\sqrt{53}}$; folglich

$$L=2a\Big[4+\tfrac{14}{53}(\sqrt{53}-4)\sqrt{106-14\sqrt{53}}$$
$$+(\sqrt{53}-4)\left(2.\tfrac{49}{53}-\tfrac{7}{\sqrt{53}}\right)\Big]$$
$$=\frac{2a}{53}\big[212+14.\sqrt{(\sqrt{53}-4)^2.(106-14\sqrt{53})}$$
$$+7.(\sqrt{53}-4)(14-\sqrt{53})\big]$$
$$=\frac{2a}{53}[212+14\sqrt{13250-1814.\sqrt{53}}+126\sqrt{53}-763]$$
$$=\frac{2a}{53}[212+92{,}739+917{,}293-763]$$
$$=2.8{,}661.a=2.8{,}661.\frac{A}{14};\text{ oder}$$
$$L=1{,}237.A.$$

Für $A=90°$ entsteht $L=111\frac{1}{3}$ Ruthe.

§. 140. **Aufgabe.** Auf einer horizontalen Ebene stehen in drei gegebenen Puncten A, B, C (Fig. 43.), normale Cylinder von den Halbmessern a, b, c; man soll in dieser Ebene die Puncte D bestimmen, aus welchen alle 3 unter gleichen Sehewinkeln erblickt werden, und dann auch die Größe dieses Sehewinkels angeben.

1ste **Auflösung.** Ist $AB=d$; $BC=e$; $\angle ABC=\alpha$; ferner als zu bestimmende Längen $AD=x$; $BD=y$; $CD=z$; und bezeichnet ferner 2φ den unbekannten Sehewinkel, so ist, unter DE, DF, DG Tangenten gedacht, $ADE=BDF=CDG=\varphi$; also $x=\frac{a}{\mathrm{Sin}\,\varphi}$; $y=\frac{b}{\mathrm{Sin}\,\varphi}$; $z=\frac{c}{\mathrm{Sin}\,\varphi}$; folglich, $\angle ABD$ durch w, CBD durch v ausgedrückt, $x^2=y^2+d^2-2yd\,\mathrm{Cos}\,w$; und $z^2=y^2+e^2-2ye\,\mathrm{Cos}\,v$; oder

$$a^2=b^2+d^2\,\mathrm{Sin}\,\varphi^2-2bd\,\mathrm{Sin}\,\varphi\,\mathrm{Cos}\,w,\text{ und}$$
$$c^2=b^2+e^2\,\mathrm{Sin}\,\varphi^2-2be\,\mathrm{Sin}\,\varphi\,\mathrm{Cos}\,v;\text{ also}$$

$$\operatorname{Cos} w = \frac{b^2 - a^2 + d^2 \operatorname{Sin} \varphi^2}{2 b d \operatorname{Sin} \varphi};$$

$$\operatorname{Cos} v = \frac{b^2 - c^2 + e^2 \operatorname{Sin} \varphi^2}{2 b e \operatorname{Sin} \varphi};$$

oder, $b^2 - a^2$ durch h^2 und $b^2 - c^2$ durch k^2 ausgedrückt,

$$\operatorname{Cos} w = \frac{h^2 + d^2 \operatorname{Sin} \varphi^2}{2 b d \operatorname{Sin} \varphi}; \quad \operatorname{Cos} v = \frac{k^2 + e^2 \operatorname{Sin} \varphi^2}{2 b e \operatorname{Sin} \varphi}.$$

Da nun $w + v = \alpha$ werden muß, so ist auch $w = \alpha - v$; also $\operatorname{Cos} w = \operatorname{Cos} \alpha \operatorname{Cos} v + \operatorname{Sin} \alpha \operatorname{Sin} v$; folglich $\operatorname{Cos} w^2 - 2 \operatorname{Cos} \alpha \operatorname{Cos} v \operatorname{Cos} w + \operatorname{Cos} \alpha^2 \operatorname{Cos} v^2 = \operatorname{Sin} \alpha^2 . \operatorname{Sin} v^2$; oder: $\operatorname{Cos} w^2 - 2 . \operatorname{Cos} \alpha \operatorname{Cos} v \operatorname{Cos} w + \operatorname{Cos} v^2 = \operatorname{Sin} \alpha^2$; und substituirt man in diese Gleichung die Werthe für $\operatorname{Cos} w$ und $\operatorname{Cos} v$, so entsteht nach gehöriger Reduction, wenn $d^2 + e^2 - 2 d e \operatorname{Cos} \alpha$ (= dem Quadrat der Linie AC) durch f^2 ausgedrückt wird,

$$\operatorname{Sin} \varphi^4 - \frac{2[(a^2+c^2)de + (d^2k^2 + h^2e^2)\operatorname{Cos}\alpha - 2b^2 de \operatorname{Cos}\alpha^2] \operatorname{Sin}\varphi^2}{d e f^2}$$

$$+ \frac{h^4 e + k^4 d^2 - 2 d e h^2 k^2 \operatorname{Cos} \alpha}{d^2 e^2 . f^2} = 0,$$

oder, den Werth für $\operatorname{Cos} \alpha$, nemlich $\frac{d^2 + e^2 - f^2}{2 d e}$, und zugleich die für h^2 und k^2 substituirt,

$$\operatorname{Sin} \varphi^4$$

$$- \frac{d^2c^2[e^2+f^2-d^2] + e^2a^2[d^2+f^2-e^2] + f^2b^2[d^2+e^2-f^2]}{d^2 e^2 f^2} \operatorname{Sin} \varphi^2$$

$$+ \frac{d^2(c^2-a^2)(c^2-b^2) + e^2(a^2-b^2)(a^2-c^2) + f^2(b^2-a^2)(b^2-c^2)}{d^2 e^2 f^2} = 0;$$

oder auch, unter A, B, C die Winkel BAC, ABC, ACB und unter M die Summe $d^2 (c^2 - a^2) (c^2 - b^2) + e^2 (a^2 - b^2) (a^2 - c^2) + f^2 (b^2 - a^2) (b^2 - c^2)$ verstanden:

$$\operatorname{Sin} \varphi^4 - \frac{2 [d c^2 \operatorname{Cos} C + e a^2 \operatorname{Cos} A + f b^2 \operatorname{Cos} B]}{d e f} \operatorname{Sin} \varphi^2$$

$$+ \frac{M}{(d e f)^2} = 0,$$

so daß also nur dann ein Standpunct D den Bedingungen der Aufgabe entsprechend existirt, wenn

$[d c^2 \text{Cos}\, C + e a^2 \text{Cos}\, A + f b^2 \text{Cos}\, B]^2 >$ mindestens $= M$ ist.

Beispiel. Ist $d = 10$; $e = 12$; $f = 19$; $a = 5$; $b = 3$; $c = 4$; so erhält man $\text{Sin}\,\varphi = 0{,}4732037$ und auch $\text{Sin}\,\varphi = 0{,}2171083$; also $\varphi = 28^\circ\ 14'\ 33''$ und auch $\varphi = 12^\circ\ 32'\ 21''$. Zu $\varphi = 28^\circ\ 14'\ 33''$ gehört $x = 10{,}566$; $y = 6{,}34$; $z = 8{,}453$; zu $\varphi = 12^\circ\ 32'\ 21''$ gehört $x = 23{,}03$; $y = 13{,}82$; $z = 18{,}424$. Im ersten Fall wird $w = 76^\circ\ 56'$; $v = 42^\circ\ 14'$; im 2ten aber wird $w = 150^\circ\ 3'$; $v = 90^\circ\ 47'$. Da nun aber $\angle \alpha = v + w = B = 119^\circ\ 10'$ ist, so entspricht nur der erste Fall der Figur. Im 2ten Fall ist $w + v = 240^\circ\ 50'$ die Ergänzung zu α für 360°; der Punct D liegt daher jenseits und gehört zu dem erhabenen Winkel ABC.

2te Auflösung. Man denke sich vorläufig nur die beiden Kreise um A und B, so ist, wenn K (Fig. 44.) einen der Puncte in derselben Ebene vorstellt, aus welchem beide Kreise unter einerlei Sehewinkel 2μ beobachtet werden, $BK\, \text{Sin}\,\mu = b$; $AK\, \text{Sin}\,\mu = a$; fällt man nun KN normal auf AB, setzt $AN = u$; $NK = y$; so ist $AK^2 = u^2 + y^2$; $BK^2 = y^2 + (d - u)^2$; folglich, aus $\frac{a}{AK} = \frac{b}{BK}$, wenn man diese Werthe substituirt, $\frac{a^2}{u^2 + y^2} = \frac{b^2}{y^2 + (d-u)^2}$, und hieraus

$$\text{(I)} \quad y^2 + u^2 - \frac{2 d a^2}{a^2 - b^2} u + \frac{d^2 a^2}{a^2 - b^2} = 0.$$

Da nun auch in der Richtung der Linie AB Puncte liegen, in welchen beide Kreise unter einerlei Sehewinkel ins Auge fallen, für diese aber $y = 0$ ist, so setze man, um sie zu finden, in (I) Null für y; dann entsteht

$u^2 - \frac{2 d a^2}{a^2 - b^2} u + \frac{d^2 a^2}{a^2 - b^2} = 0$, und hieraus erhält man

$u = ad.\frac{a \pm b}{a^2 - b^2}$; also, wenn C und F diese Puncte in der Figur vorstellen, $AC = \frac{ad(a-b)}{a^2 - b^2} = \frac{ad}{a+b}$ und $AF = \frac{ad(a+b)}{a^2 - b^2} = \frac{ad}{a-b}$, und hieraus folgt dann auch noch $CF = AF - AC = \frac{ad}{a-b} - \frac{ad}{a+b} = \frac{2abd}{a^2 - b^2}$; oder $\frac{abd}{a^2 - b^2}$ durch r bezeichnet, $CF = 2r$.

Wird nun der Abstand CN durch x ausgedrückt, so hat man $AN = AC + CN$ oder $u = \frac{ad}{a+b} + x$, und schreibt man diesen Werth für u in (I), so erhält man die Gleichung zwischen den Absciſſen $CN = x$ und den zugehörigen Ordinaten $NK = y$; nemlich

$$y^2 + \left[\frac{ad}{a+b} + x\right]^2 - \frac{2da^2}{a^2 - b^2}\left[\frac{ad}{a+b} + x\right] + \frac{d^2 a^2}{a^2 - b^2} = 0,$$

oder reducirt

$$y^2 = 2rx - x^2,$$

aus welcher hervorgeht, daß alle Puncte der Peripherie des Kreises, um den Durchmesser $CF = 2r$ beschrieben, die Eigenschaft haben, daß aus jedem, beide Kreise um A und B, unter gleichen Sehewinkeln beobachtet werden.

Nach (§. 135. Geom. Erst. Bd.) sind aber die Puncte C und F sehr einfach durch eine geometrische Construction darzustellen, und beschreibt man dann um den Durchmesser CF den Kreis, so hat man den geometrischen Ort des Standpuncts in Beziehung auf die beiden Kreise um A und B. Wiederholt man diese Construction für die beiden Kreise um B und C (Fig. 43.), so erhält man für sie ebenfalls eine Kreis-Peripherie, als geometrischen Ort des Standpunctes, in Beziehung auf die Kreise um B und C, und die beiden Puncte, in welchen sich die Peripherien dieser construirten Kreise schneiden, sind dann die zu bestimmenden Standpuncte D.

§. 141. **Aufgabe.** Auf den Schenkeln eines beliebigen Winkels ABC (Fig. 45.) sind von der Spitze B ab, die Längen $BA = a$ und $BC = b$ abgetragen, und jede dieser Linien, AB von A nach B, BC von B nach C in n gleiche Theile getheilt, so daß also die Länge jedes Theils auf $AB = \frac{a}{n}$; die, jedes Theils auf $BC = \frac{b}{n}$ ist; auf AB sei D der pte, E der $p+1$ste; auf BC sei F der pte, G der $p+1$ste Theilpunct, und H der Durchschnittspunct der geraden Linien DF, EG; man soll die Gleichung für die Curve herleiten, in welcher alle auf diese Weise gebildeten Durchschnittspuncte liegen, unter der Voraussetzung, daß n unendlich groß ist.

Auflösung. Durch H gehe KL parallel mit AB, und AK sei ≠ mit BC, AK werde durch x, KH durch y ausgedrückt. In den ähnlichen Dreiecken, FBD mit FLH, und GBE mit GLH, ist:

$$FB : BD = FL : LH \text{ und}$$

$$GB : BE = GL : LH; \text{ oder}$$

$$p \cdot \frac{b}{n} : a - p \cdot \frac{a}{n} = p \cdot \frac{b}{n} - x : a - y; \text{ und}$$

$$(p+1)\frac{b}{n} : a - (p+1)\frac{a}{n} = (p+1)\frac{b}{n} - x : a - y.$$

Bildet man die Producte der äußern und innern Glieder, und nimmt dann die Differenz beider Gleichungen, so erhält man leicht

$$p = \frac{n(by + ax) - ab}{2ab};$$

und setzt man diesen Werth für p in die erste, oder zweite, so entsteht nach gehörigen Reduction:

$$b^2y^2 + 2abxy + a^2x^2 - 4a^2bx + \frac{a^2b^2}{n^2} = 0;$$

also, für n = unendlich groß,

$$b^2 y^2 + 2abxy + a^2 x^2 - 4a^2 bx = 0; \text{ oder}$$

$$[ax + by]^2 = 4a^2 bx;$$

welches die verlangte Gleichung ist, aus welcher erhellet, daß die Curve eine Parabel ist (§. 128.). Diese Construction wird bei Gewölben in Anwendung gebracht, welche steinerne Treppen tragen. Näheres über die Läge dieser Parabel gegen die Schenkel a und b findet man in meiner Analysis. Neue Ausgabe 1826.

§. 142. Aufgabe. In einer Ebene E ist eine Figur vom Inhalt a^2, es bildet E mit einer andern Ebene F den Winkel α, und der Inhalt der normalen Projection von a^2 auf F sei $= b^2$, man soll eine Gleichung zwischen a^2, α und b^2 herleiten.

Auflösung. Man denke sich die Figur a^2 durch Normalen aus allen Eckpuncten derselben auf die Durchschnittslinie l von E und F, in lauter Trapeze (von welchen auch eines oder zweie Dreiecke sein können) zertheilt; ABCD sei eines derselben; $A^1B^1C^1D^1$ seine normale Projection auf F, so ist, wenn AB, CD die parallelen Seiten bezeichnen, $AB \operatorname{Cos} \alpha = A^1B^1$, $CD \operatorname{Cos} \alpha = C^1D^1$, und, wenn AB und CD die Linie l in P und Q treffen, so ist der Inhalt von $ABCD = \frac{AB + CD}{2} . PQ$ und der von $A^1B^1C^1D^1 = \frac{A^1B^1 + C^1D^1}{2} . PQ$; also $\frac{ABCD}{A^1B^1C^1D^1}$ $= \frac{AB + CD}{A^1B^1 + C^1D^1} = \frac{AB + CD}{AB \operatorname{Cos} \alpha + CD \operatorname{Cos} \alpha} = \frac{1}{\operatorname{Cos} \alpha}$. Dasselbe Verhältniß ergiebt sich eben so, für jede zwei zusammengehörige Trapeze in E und F, auch wenn a^2 durch krumme Linien begrenzt wäre, so daß diese Trapeze von unendlich kleiner Höhe zu denken wären, und es ist daher (§. 159. Arithm. Erst. Bd.) $\frac{a^2}{b^2} = \frac{1}{\text{Cos}\,\alpha}$; also

$$\text{(I) } a^2 = b^2 \,\text{Sec}\,\alpha; \quad \text{(II) } b^2 = a^2 \,\text{Cos}\,\alpha.$$

Die Formel (I) ist bei Berechnung der Oberflächen von Dosdanen in Anwendung zu bringen.

§. 143. Aufgabe. Ein normaler Cylinder wird durch zwei auf einander normale Achsen-Durchschnitte in vier gleiche Theile getheilt, und einer dieser Viertels-Cylinder ABCDEF (Fig. 46.) durch die Ebene BDF in zwei Stücke zerschnitten; man soll sowohl die gewölbte Oberfläche als auch den körperlichen Inhalt jedes der beiden Stücke bestimmen.

Auflösung. 1) In dem Quadranten FE, wähle man die Puncte G, I an beliebigen Stellen, denke sich dieselben aber unendlich nahe an einander, und ziehe dann GH und IK im Cylinder-Mantel parallel mit EB, so ist die Fläche HGIK als ein ebenes Trapez zu betrachten, und also der Inhalt derselben, oder $b^2 = \frac{IK + GH}{2} . GI$; oder auch, $GL = LI$ und $LM \mathbin{\#} EB$ gedacht, $b^2 = LM.GI$ (§. 97. Geom. Erst. Bd.). Zieht man nun LN und MP parallel mit FD, so daß also $NP =$ und $\mathbin{\#} LM$ wird, dann auch $GQ \mathbin{\#} FD$ und $IR \mathbin{\#} ED$, so wird $\triangle DLN \sim GIR$; und also ist $DL : DN = GI : GR$ oder $DE : DN = GI : GR$; oder auch, $BE : PN = GI : GR$; also, weil $PN = LM$ ist, $LM . GI = BE . GR$; folglich auch $b^2 = BE . GR$, oder IR bis S verlängert, und $GT \mathbin{\#} ED$ gezogen, $b^2 = BE . ST$. Für jeden solchen Streifen erhält man einen ähnlichen Ausdruck, in welchen allemal BE der eine Factor, der andere aber ein Stück des Halbmessers DF ist, und es ist daher der Quadrat-Inhalt der Fläche

FEB = BE . DF; oder, die Höhe BE = h und den Halbmesser der Grund-Ebene = r gesetzt,

$$\text{(I) Fläche FEB} = rh.$$

2) Da der ganze Cylinder-Mantel $= 2r\pi h$; also die Fläche FEBC $= \frac{2r\pi h}{4}$ ist, so bleibt nothwendig für die Fläche FCB der Inhalt $\frac{2r\pi h}{4} - rh$ übrig, und es ist also

$$\text{(II) Fläche FCB} = (\tfrac{1}{2}\pi - 1) . rh = 0{,}5708 . rh.$$

3) Denkt man sich die Fläche FEB = rh in unendlich kleine Stückchen zerlegt, und betrachtet jedes als die Grundebene einer Pyramide, deren Spitze in D liegt, so ist der Körper FEBD gleich der Summe aller dieser Pyramiden, daher

$$\text{(III) Körper FEBD} = \tfrac{1}{3} r^2 h.$$

4) Der Unterschied zwischen dem Inhalt $\frac{r^2 \pi h}{4}$ des Viertels-Cylinders und des Körpers (III) giebt den FCBAD, und es ist also

$$\text{(IV) Körper ABCFD} = \left[\frac{\pi}{4} - \frac{1}{3}\right] . r^2 h = 0{,}4521 . r^2 h.$$

§. 144. Aufgabe. Den Cubic-Inhalt der Gewölbsteine eines Kreuz-Gewölbes, dessen horizontale Projection ein Quadrat ist, zu bestimmen.

Auflösung. Ist das Quadrat ABCD (Fig. 47.) die Grundebene oder horizontale Projection; sind N, P, Q, R die Mittelpuncte der vier Seiten, und aus ihnen in verticalen Ebenen die Halbkreise AEB, BFC, CGD, DHA beschrieben, so bilden diese die vier Eingänge, und AIC, DIB sind die sich in I schneidenden Gradbogen, so daß die horizontale Projection von I den Mittelpunct M des Quadrats trifft. Die verticalen Ebenen durch die Gradbogen, so wie NQGE und RPFH theilen nun den ganzen Körper in 8 vollkommen gleiche Theile, von welchen jeder mit dem (IV) im vorigen §. einerlei Form hat, und es ist daher, wenn a die Länge der Seite des Quadrats ABCD bezeichnet, jeder dieser 8 Theile $= \left[\frac{\pi}{4} - \frac{1}{3}\right] \cdot \left[\frac{a}{2}\right]^2 \cdot \frac{a}{2}$; folglich der Inhalt des ganzen vollen Körpers

$$= \left[\frac{\pi}{4} - \frac{1}{3}\right] \cdot a^3.$$

Ist nun die Dicke oder Höhe des Gewölbes $= h$, so ist, wenn man im Grundriß (Fig. 48.) zum Mittelpunct M das Quadrat STVW, zur Seite $a - 2h$ construirt, über diesem ein hohler Raum, von derselben Form wie der ganze Körper, so daß also sein Inhalt $= \left[\frac{\pi}{4} - \frac{1}{3}\right][a - 2h]^3$ ist, welcher subtrahirt werden muß. Außer diesem hohlen Raum sind aber noch vier halbe Cylinder zu subtrahiren, von welchem die horizontale Projection des einen TXWY, sein Durchmesser $= a - 2h$, seine Höhe $= h$, also sein Inhalt $= \frac{1}{2} \cdot \frac{1}{4}[a - 2h]^2 \cdot \pi \cdot h$ ist. Man erhält also nun den verlangten Cubic-Inhalt der Gewölbsteine $= \left[\frac{\pi}{4} - \frac{1}{3}\right] a^3 - \left[\frac{\pi}{4} - \frac{1}{3}\right][a - 2h]^3 - \frac{1}{2}\pi[a - 2h]^2 h$; oder auch $= [\pi - 2]a^2h + [4 - \pi]ah^2 - \frac{8}{3}h^3$; oder auch $= \pi ah[a - h] - 2ah[a - 2h] - \frac{8}{3}h^3$.

Soll auch die äußere gewölbte Oberfläche bestimmt werden, so hat man diese sogleich $= 8 \cdot \left[\frac{\pi}{2} - 1\right] \cdot \frac{a}{2} \cdot \frac{a}{2}$ [§. 143. (II)] $= [\pi - 2] \cdot a^2$.

Die innere ist $= [\pi - 2][a - 2h]^2$ und vier halben Cylinder-Mänteln zum Durchmesser $a - 2h$ und zur Höhe h; also $= [\pi - 2][a - 2h]^2 + 2\pi[a - 2h]h$; oder auch $= [a - 2h][(\pi - 2)a + 4h]$.

§. 145. Zusatz. In Beziehung auf die Berechnung des Cubic-Inhaltes der Gewölbsteine bei elliptischen Gewölben betrachtet man, wenn die innere Wölbungslinie (der Intrados) als Ellipse construirt und nach der Richtung der Normale jedes Punctes derselben die Gewölbdicke nach außen abgetragen ist, die durch diese Puncte bestimmte Curve (der Extrados) ebenfalls, wiewohl nur näherungsweise, als eine Ellipse, deren Halbmesser um die Gewölbdicke größer sind als die des Intrados. Hat man nun

1) ein gewöhnliches elliptisches Gewölbe, dessen Weite im Lichten $= 2a$, dessen Höhe $= c$ ist und deren Gewölbsteine die Höhe h haben, so ist für die Länge l der Cubic-Inhalt $= \left[\frac{(a+h)(c+h)\pi}{2} - \frac{ac\pi}{2}\right].l$ (§. 99.)

$$= [a+c+h]\frac{\pi h l}{2}.$$

2) Ein elliptisch-konisches Gewölbe mit divergenten aber horizontalen Widerlagern (wo also die Lehrbögen alle unähnliche Ellipsen von gleicher Höhe sind), so ist bei der in (Fig. 49.) angegebenen Bezeichnung, wenn man sich das jeden Lehrbogen umschließende Rechteck vorstellt, das Verhältniß des Quadrat-Inhaltes jeder Ellipse zu ihrem Rechteck $= \pi : 4$, und folglich der Cubic-Inhalt sowohl des vollen Körpers, als des hohlen Raums $= \frac{\pi}{4}$ des Prismens, welches diese Rechtecke bilden, also, unter h die Gewölbdicke verstanden, wenn die Figur den Intrados darstellt, der Inhalt der Gewölbsteine $= \frac{\pi}{4}.[A+a+2h][c+h]l - \frac{\pi}{4}[A+a]cl.$

3) Ein elliptisch-konisches Gewölbe mit divergenten Widerlagern und ähnlichen Lehrbogen, mithin steigenden Widerlagern, so ist, wenn A, C die inneren Halbmesser der begrenzenden größeren, a, c die der begrenzenden kleineren halben Ellipse, h die Gewölbdicke und l die Länge des Gewölbes bezeichnet, wenn nach der Voraussetzung $A:C = a:c$ ist, sowohl der volle Körper als der hohle Raum, die Hälfte einer abgekürzten Pyramide, deren Grundebenen Ellipsen sind, also der Cubic-Inhalt der Gewölbsteine (§. 240. Geom. I. B.)

$$= \frac{l\pi}{6}[(A+h)(C+h)+(a+h)(c+h)+\sqrt{(A+h)(C+h)(a+h)(c+h)}]$$

$$-\frac{l\pi}{6}[AC+ac+\sqrt{AC.ac}],$$

in welcher Formel $\sqrt{ACac} = Ac = aC$ ist.

Verbesserungen zum zweiten Band.

Seite 51 Zeile 10 v. o. lies $A + Cx^2$ für $+ Cx^2$
— 67 — 9 v. o. l. Ebene f. Ebenen
— 76 — 5 v. u. l. BDA f. BAD
— 77 — 9 v. o. l. so ist die f. so die
— 81 — 3 v. u. l. $\text{Sin}\, x^2$ f. $2 . \text{Sin}\, x^2$
— 88 — 12 v. o. l. $2ax - x^2$ f. $2ax = x^2$
— 107 — 15 v. o. l. MF f. MF_1
— 107 — 17 v. o. l. GDF f. GEF
— 107 — 2 v. u. l. man, f. , man
— 116 — 13 v. u. l. Hyperbel f. Hyherbel

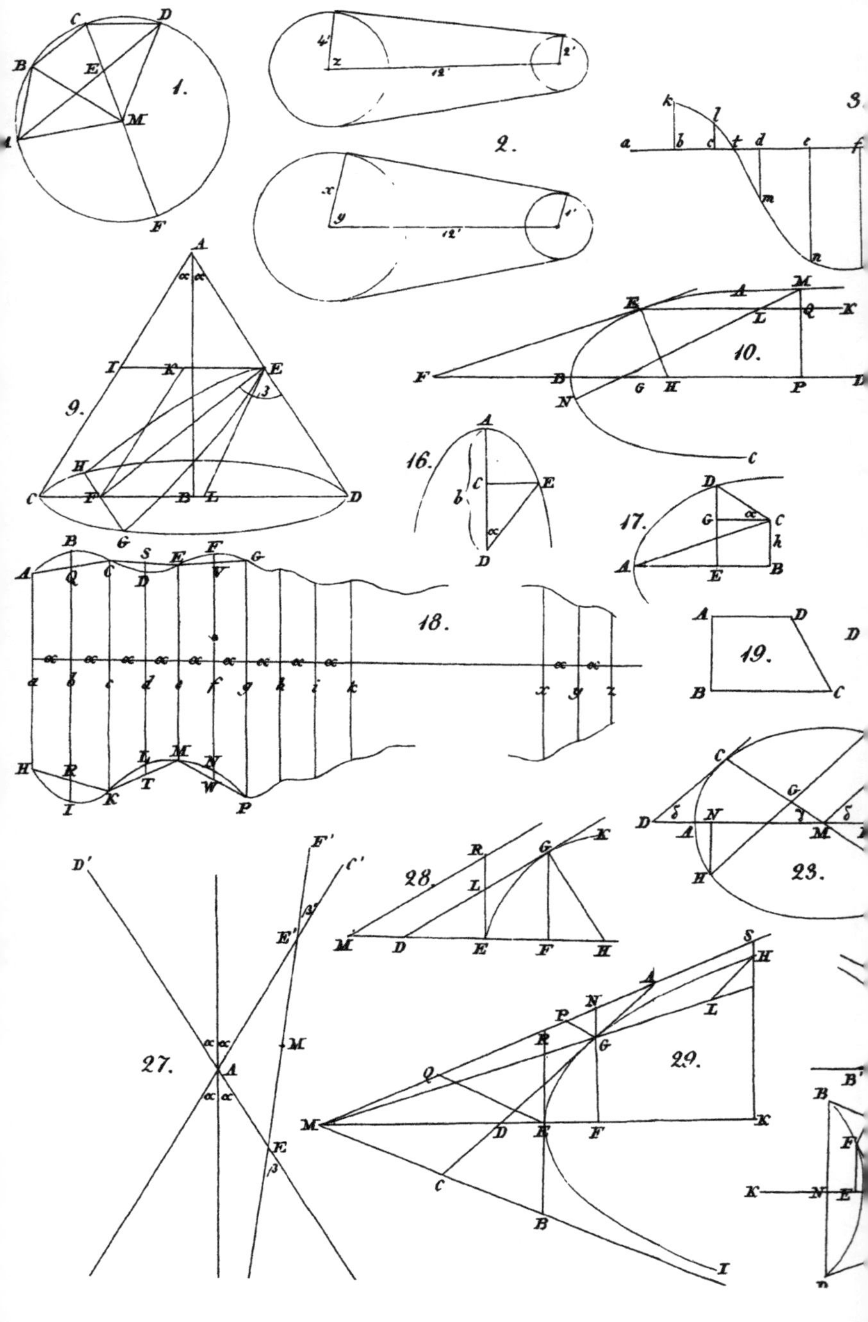
1.
2.
3.
9.
10.
16.
17.
18.
19.
23.
27.
28.
29.

I

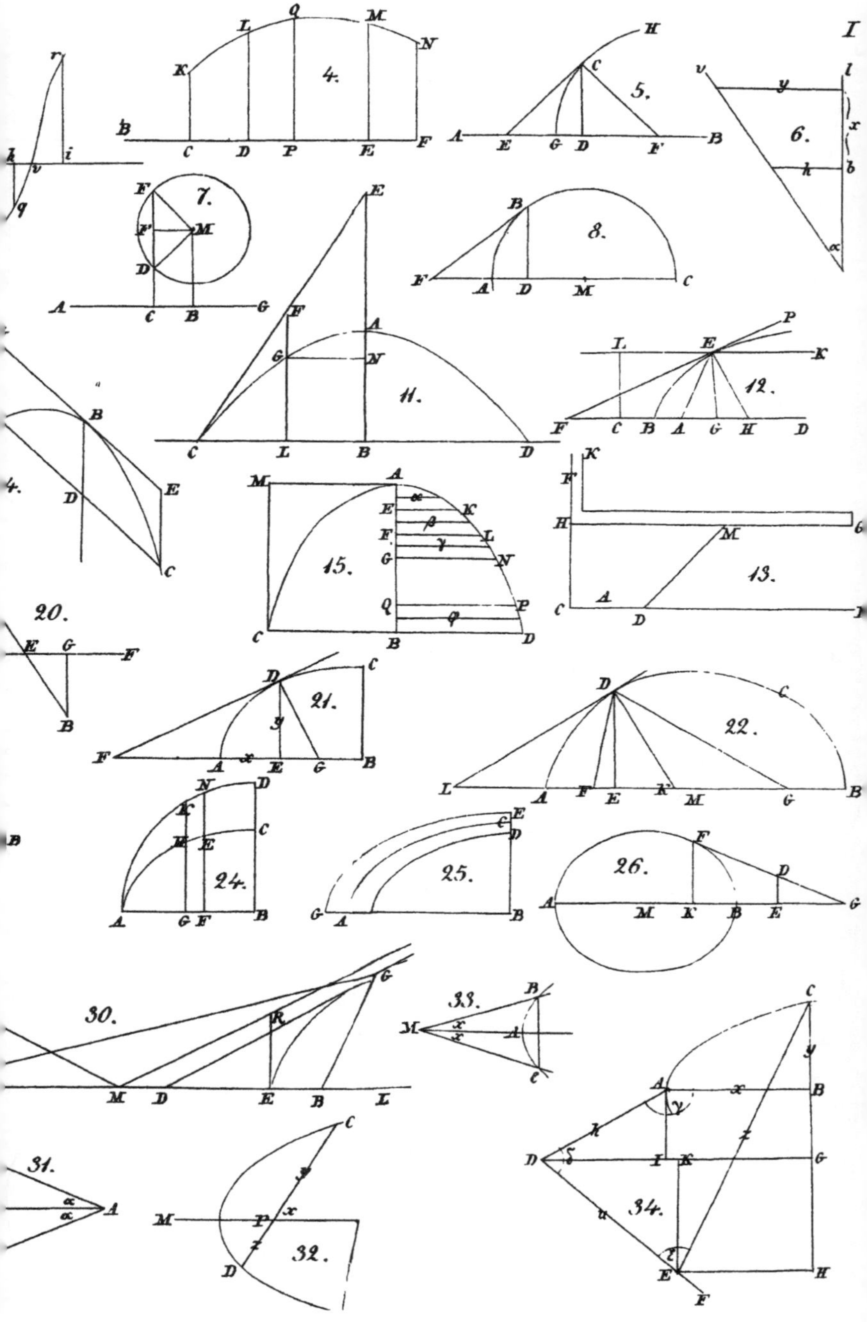

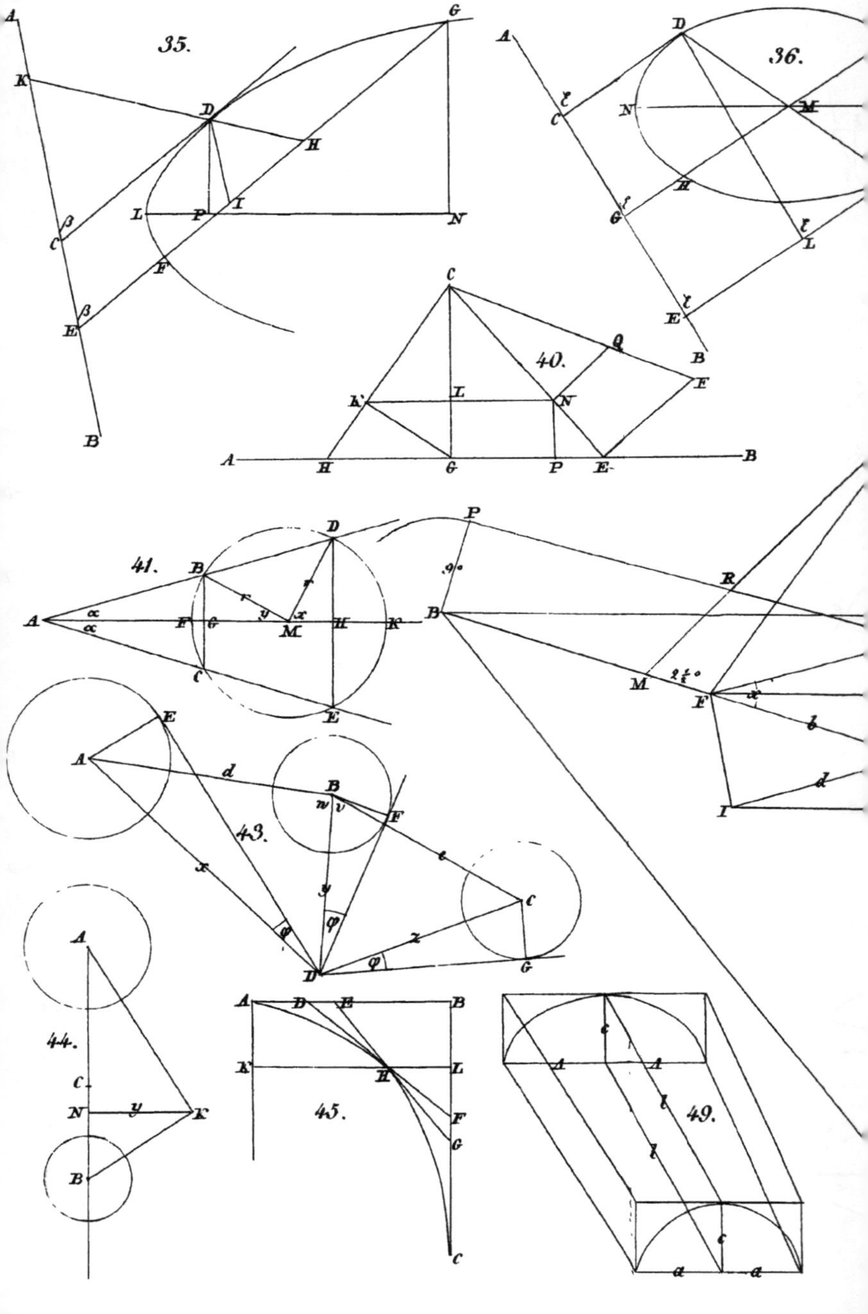
35.
36.
40.
41.
43.
44.
45.
49.

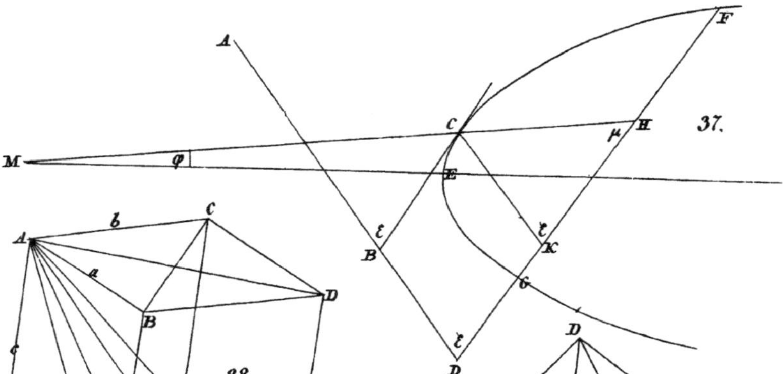
37.

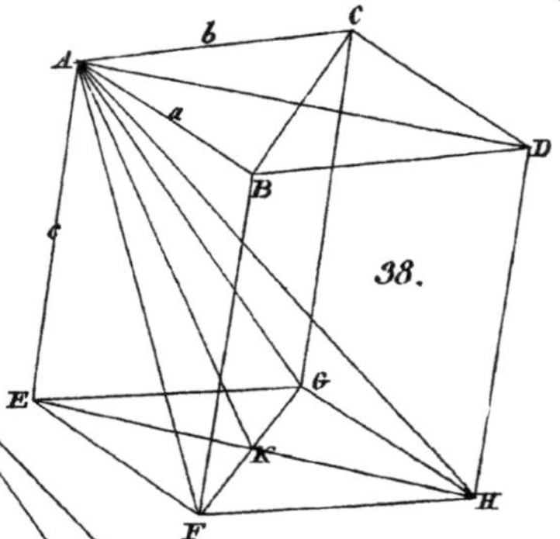
38.

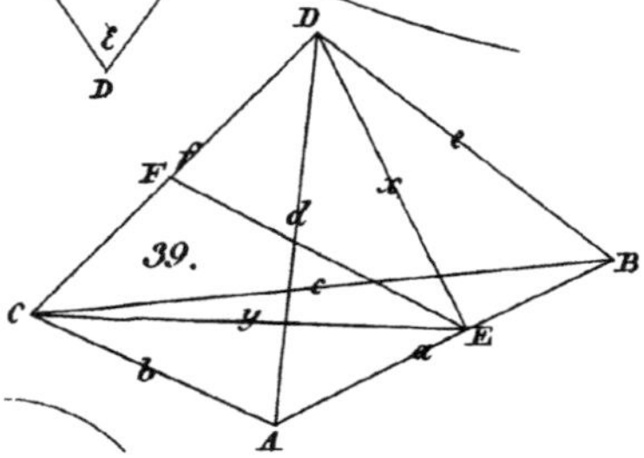
39.

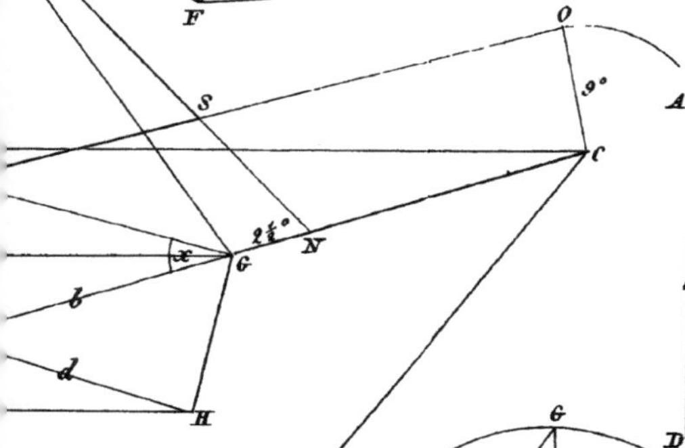
42.

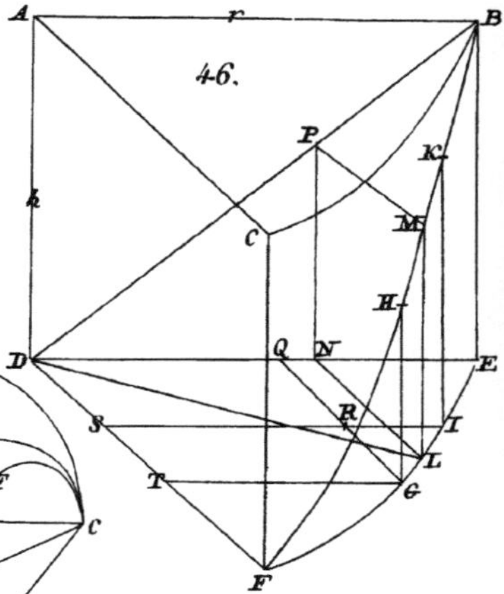
46.

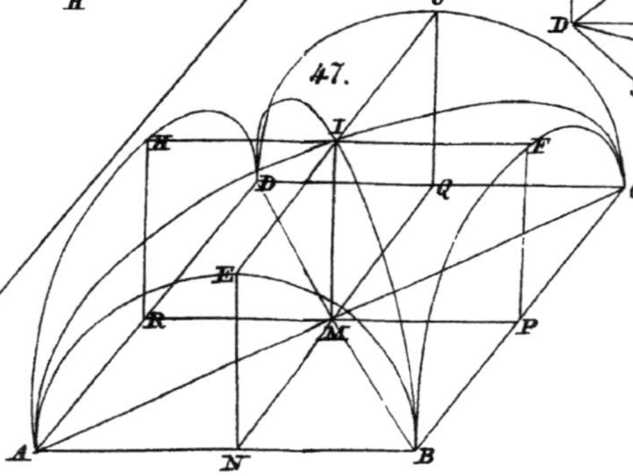
47.

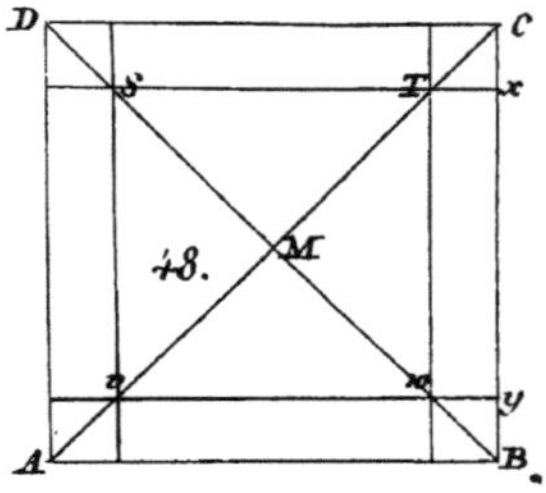
48.

Bei Fragen zur Produktsicherheit wenden Sie sich bitte an:
If you have any questions regarding product safety,
please contact:

Walter de Gruyter GmbH
Genthiner Straße 13
10785 Berlin
productsafety@degruyterbrill.com